建筑装修工人技能速成系列

装修涂裱实用技能

王玉宏　主编

化学工业出版社

·北京·

本书以装修施工现场实际操作图解的方式，生动、形象地讲解了装修涂裱工程的基本知识与操作技能。本书共分六章，主要包括装修涂裱常用材料和工具、装修涂裱基层处理及配料、装修涂裱施工工艺、裱糊及软包施工工艺、玻璃裁割加工及安装、装修涂裱施工常见问题处理等方面的内容。本书内容简明扼要、通俗易懂、图文并茂，为了与实际工作相结合，书中还设有"经验指导"版块，用实际经验指导读者掌握装修涂裱工技巧。

　　本书适合从事或正从事装饰装修行业的涂裱工和业主阅读、参考，也适合涂裱工自学者、进城务工人员、回乡或下乡家装建设人员阅读，也可供相关学校作为培训教材使用。

图书在版编目（CIP）数据

　　装修涂裱工实用技能全图解/王玉宏主编. —北京：
化学工业出版社，2018.7
　　（建筑装修工人技能速成系列）
　　ISBN 978-7-122-32258-6

　　Ⅰ.①装… Ⅱ.①王… Ⅲ.①工程装修-涂漆-图解
②工程装修-裱糊工程-图解 Ⅳ.①TU767-64

　　中国版本图书馆 CIP 数据核字（2018）第 110829 号

责任编辑：彭明兰
责任校对：边　涛　　　　　　　　　　　　　　装帧设计：刘丽华

出版发行：化学工业出版社（北京市东城区青年湖南街 13 号　邮政编码 100011）
印　　刷：三河市航远印刷有限公司
装　　订：三河市骏发装订厂
710mm×1000mm　1/16　印张 10¼　字数 227 千字　2018 年 8 月北京第 1 版第 1 次印刷

购书咨询：010-64518888（传真：010-64519686）　　售后服务：010-64518899
网　　址：http://www.cip.com.cn
凡购买本书，如有缺损质量问题，本社销售中心负责调换。

定　　价：45.00 元

前言

　　建筑装饰行业是建筑业中的三大支柱性产业之一，同时它也是一个劳动密集行业。随着房地产行业的逐步兴起，建筑装饰行业已经明显地显出其巨大的发展潜力。涂裱工作为建筑装饰中的重要工种，发挥着十分重要的作用。而实际上，装饰涂裱工程施工过于复杂，十分难懂，如果单纯依靠书本上的理论知识，对于初学者而言，学习起来还是比较困难。因此，为了培养合格的建筑装修人才，同时也为了促进建筑装饰行业的发展，我们编写了此书。

　　本书以装修施工现场实际操作图解的方式，生动、形象地讲解了装修涂裱工程的基本知识与操作技能。本书共分为六章，主要包括装修涂裱常用材料和工具、装修涂裱基层处理及配料、装修涂裱施工工艺、裱糊及软包施工工艺、玻璃裁割加工及安装、装修涂裱施工常见问题处理等方面的内容。本书内容简明扼要、通俗易懂、图文并茂，为了与实际工作相结合，书中还设有"经验指导"版块，用实际经验指导读者掌握装修涂裱工技巧。

　　本书由王玉宏主编，由郭志慧、黄腾飞、韩艳艳、宋巧琳、李娜、李丹、张进、宋立音、夏欣、王慧、赵蕾、马可佳、赵慧、远程飞、李慧婷、白雅君共同参与编写完成。

　　由于编写时间仓促，编写经验、理论水平有限，书中难免有疏漏、不足之处，敬请读者批评指正。

编者

2018.4

1 装修涂裱常用涂料和工具　　　　　　　　　　　　1

1.1 装修涂裱常用材料 ·· 1
1.1.1 涂料组成与分类 ·· 1
1.1.2 涂料的品种 ··· 3
1.1.3 涂料施工的次要材料 ······································ 13
1.1.4 涂料施工辅助材料 ··· 18
1.1.5 涂料的用量、检验及储存 ······························ 24
1.2 装修涂裱常用工具 ·· 27
1.2.1 基层清理工具 ·· 27
1.2.2 调、刮腻子工具 ··· 30
1.2.3 涂刷工具 ··· 32
1.2.4 美工油漆工具 ·· 35
1.2.5 裱糊用具 ··· 37
1.2.6 玻璃裁装工具 ·· 39
1.2.7 其他工具 ··· 42

2 装修涂裱基层处理及配料　　　　　　　　　　　　46

2.1 装修涂漆前的基层处理 ·· 46
2.1.1 木制品的基层处理 ··· 46
2.1.2 金属面的基层处理 ··· 48
2.1.3 其他物体表面的基层处理 ······························ 48
2.1.4 旧漆层的处理 ·· 51
2.2 装修油漆涂料的调配 ··· 51
2.2.1 油漆涂料的基本调配 ····································· 51
2.2.2 用于木材面上的着色剂的调配 ······················ 53

3 装修涂裱施工工艺　　　　　　　　　　　　　　　57

3.1 内墙面及顶棚涂饰 ·· 57
3.2 木材面涂饰 ·· 68

　　3.2.1　木器刷漆工艺 ·· 68

　　3.2.2　木器喷漆工艺 ·· 74

　3.3　硝基清漆（蜡克）理平见光工艺 ························ 78

　3.4　聚氨酯清漆刷亮与磨退工艺 ···························· 86

　　3.4.1　聚氨酯清漆刷亮工艺 ·································· 86

　　3.4.2　聚氨酯清漆磨退工艺 ·································· 91

　3.5　磁漆、无光漆施涂工艺 ································· 93

　3.6　各色聚氨酯磁漆刷亮与磨退工艺 ························ 99

　　3.6.1　各色聚氨酯磁漆刷亮工艺 ······························ 99

　　3.6.2　各色聚氨酯磁漆磨退工艺 ···························· 101

　3.7　丙烯酸木器清漆刷亮与磨退工艺 ······················· 103

　　3.7.1　丙烯酸木器清漆刷亮工艺 ··························· 103

　　3.7.2　丙烯酸木器清漆磨退工艺 ··························· 107

　3.8　硬木地板聚氨酯耐磨清漆工艺 ························· 109

　3.9　喷涂装饰工艺 ··· 111

　　3.9.1　浮雕喷涂工艺 ······································· 111

　　3.9.2　真石漆喷涂工艺 ····································· 114

4　裱糊及软包施工工艺　　　　　　　　　　　　　118

　4.1　壁纸裱糊施工工艺 ····································· 118

　4.2　装饰贴膜粘贴施工工艺 ································· 125

　　4.2.1　装饰贴膜基材处理 ··································· 125

　　4.2.2　装饰贴膜粘贴施工操作 ······························ 126

　4.3　软包施工工艺 ··· 129

　　4.3.1　基层处理 ·· 129

　　4.3.2　基层测量放线 ······································· 129

　　4.3.3　龙骨、基层板安装 ··································· 129

　　4.3.4　整体定位、弹线 ····································· 129

　　4.3.5　内衬及预制镶嵌块施工 ······························ 130

　　4.3.6　面料铺装 ·· 130

　　4.3.7　理边、修整 ··· 132

　　4.3.8　完成其他涂饰 ······································· 132

5　玻璃裁割加工及安装　　　　　　　　　　　　　133

　5.1　玻璃裁割 ··· 133

　　5.1.1　裁割准备 ·· 133

　　5.1.2　裁割矩形玻璃 ······································· 133

　　5.1.3　裁割玻璃条 ··· 134

　　5.1.4　裁割异形玻璃 ······································· 135

    5.1.5　裁割弧形玻璃 ································· 135

    5.1.6　裁割后分开玻璃的方法 ·············· 136

  5.2　玻璃加工 ·· 136

    5.2.1　玻璃磨边、打槽 ······················ 136

    5.2.2　玻璃钻孔 ································· 137

    5.2.3　玻璃刻蚀 ································· 137

  5.3　门窗玻璃安装 ··································· 139

    5.3.1　塑料门窗安装玻璃 ··················· 139

    5.3.2　钢门窗安装玻璃 ······················ 141

    5.3.3　铝合金门窗安装玻璃 ················· 142

    5.3.4　涂色镀锌钢板门窗安装玻璃 ········ 143

    5.3.5　木门窗安装玻璃 ······················ 143

    5.3.6　彩色、压花玻璃安装 ················· 144

    5.3.7　工业厂房斜天窗安装玻璃 ··········· 144

  5.4　橱窗玻璃安装 ··································· 144

    5.4.1　弹线 ······································ 144

    5.4.2　安装固定玻璃的型钢边框 ··········· 145

    5.4.3　玻璃就位及调整 ······················ 145

    5.4.4　收头嵌缝打胶装饰 ··················· 146

    5.4.5　清洁及成品保护 ······················ 146

  5.5　镜面玻璃安装 ··································· 146

    5.5.1　基层处理 ································· 147

    5.5.2　墙面定位弹线 ·························· 147

    5.5.3　安装龙骨、固定衬板 ················· 148

    5.5.4　玻璃镜面板安装 ······················ 148

6　装修涂裱施工常见问题处理   **150**

参考文献   **158**

1

装修涂裱常用涂料和工具

1.1 装修涂裱常用材料

1.1.1 涂料组成与分类

建筑涂料是指涂覆在建筑物的表面形成涂膜，并附着在建筑物表面上起到保护和装饰作用的涂料。建筑涂料是所有涂料中应用面最广、使用量最大的涂料。因早期涂料的主要原材料是植物油，如生漆或桐油等，故而那时的涂料被称为油漆（图1-1）。随着石油化工业的发展，现在大部分的涂料不再使用植物油，改用合成树脂及其乳液，或是使用无机硅酸盐和硅溶胶。在这种情况下，油漆这个名字就变得不确切，因此统称为涂料更合理、更科学。

1.1.1.1 涂料的组成

涂料的种类很多，有1000多个品种，作用各异，但它们均是由主要成膜物质、次要成膜物质（颜料）、稀释剂和辅助剂四大部分组成。涂料按性能、形态包括以下六大类原料：油料、树脂、颜料、溶剂、催干剂（图1-2）以及其他辅助材料。油料和树脂是主要成膜物质，称为固着剂，是涂料的基础，没有它们就没有可以牢固地附着在

油漆早期大多以植物油为主要原料，因此被叫做"油漆"

图1-1 油漆

物体表面上的漆膜。颜料是次要成膜物质，漆膜中含有此物质，可以显出很多特殊性能。溶剂、催干剂及辅助材料是辅助成膜物质，有助于涂料的涂装以及改善漆膜的一些性能。为了了解涂料的组成、性质和功用，必须先了解其原材料的组成、性质及用途。涂料的原料中：油料包括干性油料和半干性油料；树脂包括天然树脂、人造树脂及合成树脂；颜料包括着色颜料、体质颜料、防锈颜料；稀释剂包括溶剂、助溶剂和

冲淡剂；辅助材料包括催干剂、固化剂、增塑剂及防潮剂。

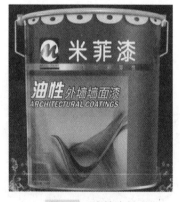

图1-2   催干剂

涂料原料：油料、树脂、颜料、溶剂、催干剂及其他辅助材料

1.1.1.2   涂料的成膜物质

涂料的原料，即涂料的构成物质，主要包括涂料用油（如桐油、亚麻仁油、梓油、蓖麻油、豆油及其他野生植物油等）；涂料用树脂（天然树脂中的松香、虫胶、沥青，人造树脂中的松香衍生物，合成树脂中的酚醛树脂、醇酸树脂、环氧树脂等）；颜料；填充料；溶剂以及其他辅助材料（如催干剂、增塑剂、固化剂等）。

（1）涂料的主要成膜物质   涂料用油及涂料用树脂是构成涂料的基础，没有它就无法称其为涂料，因此它是涂料的主要成膜物质。以油为主要成膜物质的涂料，通常称为油性涂料，或叫油性漆（图1-3）。

（2）涂料的次要成膜物质   涂料中的次要成膜物质包括各色颜料及其填充颜料。它与涂料的主要成膜物质不同，无法离开主要成膜物质单独成膜，但它能够使涂料的性能得到改进，增加涂料的品种，扩大涂料的使用范围。

颜料的种类很多，按化学成分可分为有机颜料与无机颜料；按来源可分为天然颜料与人造颜料。

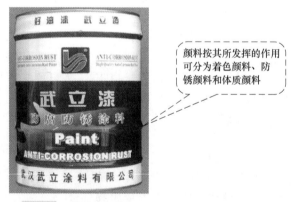

图1-3   油性涂料

图1-4   颜料的分类

颜料按其所发挥的作用可分为着色颜料、防锈颜料和体质颜料

（3）溶剂及其他辅助材料   涂料中的辅助成膜物质包括溶剂及其他辅助材料，它们不是涂料成分中的主体，但却能够对涂料变成涂膜的过程产生某种影响，或对涂膜的性能起某些辅助作用。

从上述涂料的组成可以看出：胶体漆液是主要成膜物质，也是涂料的主体，颜料属于次要成膜物质，溶剂和防潮剂属于辅助成膜物质。

涂料的上述几个组分，在涂料的成膜过程中又可分为固体分与挥发分。构成固体分的成分有油、树脂、颜料与辅助材料。固体分是涂料中能最终存在于涂膜中的物质，而组成挥发分的溶剂，只能存在于涂料中，涂料一经使用，它就会在成膜过程中完全挥发掉。

1.1.2 涂料的品种

1.1.2.1 油脂漆类

油脂漆类是用具有干燥能力的油类制造的油漆（涂料）的总称，是一种比较古老而又最基本的涂料。

油脂漆类主要依靠空气中的氧作用成膜干燥。其主要优点是施工便捷，涂刷性、渗透性好，价格低廉，有一定的装饰和保护作用；其缺点是漆膜较软，干燥缓慢，不耐打磨和抛光，耐候性、耐水性、耐化学性差，只能进行一般性要求的涂覆。

（1）清油（图 1-5） 清油又称为熟油、光油，是干性油（桐油、亚麻仁油等）加部分半干性油经过加温熬炼并且加入催干剂制成的。清油可以单独作为一种涂料使用，也可用来调稀厚漆、红丹粉，配腻子或作打底用。它价格低廉、施工便捷、气味小，用于木材、金属表面作防水、防潮涂层。缺点是干燥缓慢、漆膜软、容易发黏、易皱皮、耐候性差。

清油是干性油加部分半干性油经过加温熬炼并加入催干剂制成的

图 1-5　清油

清油的名称，根据所用原料油的不同而不同。比如，由亚麻仁油熬炼成的称为亚麻仁油；用生桐油熬炼成的称为熟桐油；用梓油（也叫青油）熬炼成的称为熟梓油；由多种干性油熬炼成的称为混合熟油。在现场使用中，经常将清油用稀释剂（松香水）冲薄，这种清油又称为头抄清油（或叫打底油）。它们按一定的配合比混合后应加入适量的（2%～3%）催干剂，若再加入颜料便成为带色打底油（如白抄油、红抄油等都是带色打底油）。

清油不宜与碱性颜料混合使用。熟桐油是我国民间沿用很久的一种油漆涂料，目前多数用于涂刷要求不高的木制容器、油布、油伞等，如图 1-6 所示。

（2）坯油 生漆经过滤净化加入坯油后，即制成广漆（又叫熟漆）。坯油是采用生桐油不加任何催干剂熬炼而成，分为白坯油与紫坯油两种。通常由操作者在现场自己进行熬炼。

传统的坯油熬炼方法如下：熬炼坯油的

清油可用来调薄厚漆和腻子，涂在木材和金属上作防腐防锈之用

图 1-6　清油涂刷

工具包括带耳铁锅一个；温度计一支；试油样用的油灰刀两把；4.2尺（约1.4m）直径以上大铁锅一只（供熬好后的坯油倒入加速冷却出烟用）；长把油勺一把；油棒一根（搅油用，事先要将木棒内的水分烘干，以免熬炼时起水泡）；扇子一把或电风扇一台（冷却出烟用），清水一小桶（加快冷却试样油坯用）；棉纱团或旧破布若干。

　　白坯油的熬炼应先将带耳铁锅用柴火烧干，然后将未混杂其他植物油的纯生桐油倒入锅内，加热到140℃时油起白泡，冒微烟，接着抽火慢熬。否则会因加热过猛，油、水分离来不及挥发而产生大量泡沫而溢出锅外发生事故。等到生桐油水分基本熬干，没有水泡泛起时，继续加大火力快速加温，油已起裂纹冒浓烟时，持续用油勺将油在锅内边浇边倾，让其尽量将浓烟排除，并随时用木棒挑起油来观察，拉丝3cm左右即可。

　　(3) 厚漆（图1-7）　厚漆是一种价格便宜、质量较差的油漆品种。它是由颜料与干性或半干性植物油调制而成的膏状物，油分通常只占总重的10%～20%。它不能直接使用，必须加入适量的熟桐油和松香水调配至可使用的稠度。通常调制面漆的配比是厚漆占60%～80%，清油占20%～40%；调制底漆的配比是厚漆占70%～80%，松香水占2%～30%。在冬季需加上适量的催干剂方能干燥。

　　用厚漆调成的漆，它的性质类似于油性调和漆，可是价格比油性调和漆便宜。但由于油分没有经过聚合，体质颜料用量较多，再加上需要自己临时调制，因此质量一般都比油性调和漆差，只适用于打底、配腻子以及涂刷质量要求不高的木器、房屋、木船等。

　　用厚漆调制的漆通常以涂刷法施工，用刷子涂刷2～3道即可。注意刷第二道漆时必须在头道漆干透后进行，一般在常温下干燥时间为24h左右。

　　(4) 各色油性调和漆（图1-8）　各色油性调和漆是以精制干性油作为主要基料，

厚漆又称为铅油，用白铅粉和亚麻仁油调合研磨制成

图1-7　厚漆

各色油性调和漆是以精制干性油作为主要基料，加入颜料、溶剂、催干剂等调制而成

图1-8　油性调和漆

加入颜料、溶剂、催干剂等调制而成。其优点是附着力强、耐候性好、不易粉化和龟裂，耐久性强于磁性调和漆。其缺点是干燥缓慢、漆膜软。油性调和漆可用于室内外一般金属、木材、砖石表面的涂装。

（5）红丹防锈漆（图1-9） 红丹防锈漆充分干燥后漆膜附着力强，柔软性好，但干性差，漆膜软。

（6）各色油性电泳漆（图1-10） 油性电泳漆的施工不受环境温度的影响。

红丹防锈漆是黑色金属的优良防锈底漆

各色油性电泳漆来源广、成本低、无毒

图1-9　红丹防锈漆

图1-10　各色油性电泳漆

1.1.2.2　天然树脂漆类

天然树脂漆是以干性油和天然树脂经熬炼后，加入有机溶剂、催干剂等制成的漆。其特点是施工方便、原料易得、制造容易、成本低廉。与油脂漆相比，其保护性和装饰性能有所提高，可用于质量要求一般的木器、民用建筑和金属制品的涂覆，其缺点是耐久性差。

天然树脂常见的有虫胶、松香、生漆、沥青（沥青漆由于品种较多，自成一体），其中松香树脂因为其质脆、酸度高，容易被氧化而使漆膜破坏，所以往往需要经过一定的改性处理后制漆。天然树脂清漆主要有以下品种。

（1）虫胶清漆（图1-11） 虫胶清漆优点包括施工方便、干燥迅速、漆膜坚硬、光亮透明；其缺点主要是不耐酸碱、不耐日光曝晒、耐水性差、易吸潮泛白等。虫胶颜色较深，如果需要浅色，可进行漂白处理。

（2）酯胶清漆（图1-12） 酯胶清漆的漆膜韧，能够耐水，但干燥性差，光泽也不持久。

（3）钙酯清漆　钙酯清漆是用石灰和松香制成的一种漆，漆膜硬、光泽好、干燥快，但由于不耐久、不耐水，机械性能差，因此不能用于室外。

（4）大漆及其改性漆　大漆（生漆、国漆、天然漆）是我国的特产之一，在世界上享有盛誉。它是由漆树上采割下来的树汁，滤去杂质后经加工制成，如图1-13所示。大漆经过一定时间的日晒或低温烘烤，除去一部分水分，即成为推光漆。在推光漆中倒入熟桐油（图1-14），桐油必须经过煮沸去浮沫，成为纯净明油，才能调和，

虫胶清漆是将
虫胶溶于酒精中
制成

图 1-11　虫胶清漆

酯胶清漆是用
甘油和松香制成
的一种漆

图 1-12　酯胶清漆

就成为油性大漆。油性大漆又称广漆、明漆、赛霞漆、金霞漆、笼罩漆、罩光漆、金漆、透纹漆、地方漆等，是天然漆的一种改性产品。

大漆是由漆树上
采割下来的树汁，
滤去杂质后经加工
制成

图 1-13　大漆熬制

在推光漆中倒入熟桐油，
桐油必须经过煮沸去浮沫，
成为纯净明油，才能调和

图 1-14　加熟桐油熬制大漆

大漆由生漆或熟漆加入熟桐油调制而成。棕黑色，涂刷在物体表面，能够在空气中干燥结成黑色薄膜，坚韧光亮，具有耐久性、耐磨性、耐水性、耐热性以及耐化学腐蚀性好的多种优良特点。漆膜鲜艳光亮、透明、丰满度好、耐水、耐光、耐温。

大漆不但对木材、竹器的结合力非常好，而且对钢铁制品的附着力也非常强。近年来，随着石油化学工业的特殊需要，将生漆用于涂装大型铜铁设备，收到了良好的防腐蚀效果。生漆的缺点是性脆、抗曲折性较差，也不利于在强氧化剂和强碱的设备上涂用。此外，它还有色深、不耐阳光、毒性较大等不足之处。

生漆可以直接涂用，也可以经加工、过滤、精制成性能、用途各异的产品，如

图 1-15 所示。随着涂料工业的发展，大漆经过改良可制成油基大漆、聚合大漆、漆酚缩甲醛清漆等产品，其性能比天然大漆优越很多。

1.1.2.3 酚醛树脂漆类

酚醛树脂漆（图 1-16），也称为电木，是以酚醛树脂或松香改性酚醛树脂以及油为主要成膜物质的一种涂料，其性能与用松香衍生物和油制成的油基涂料相比更加优良。它有较好的耐久性和耐化学药品腐蚀性，特别是耐水性较为突出，应用也更加广泛。它的品种类型很多，包括各种底漆、腻子、清漆和磁漆。其清漆可用于木器的涂饰，由于各色磁漆涂膜易逐渐变深，不适宜制成浅色漆。

醇溶性酚醛漆通常是清漆，它是单独用酚醛树脂而不用油脂的酚醛树脂涂料，主要用于金属表面的涂饰；部分品种可用于防潮、绝缘和某些压制品如胶合板、胶纸板等的胶黏剂。

油溶性酚醛漆具有非常突出的耐水、耐热、耐酸碱和防腐蚀性能，附着力也强。油溶性酚醛树脂底漆，是目前金属用底漆中性能比较好、价格便宜的种类之一，它的附着力与面漆的结合力均

以前生漆主要用于涂刷木器、房屋、生活用具和车船等，现主要用于制工艺美术漆器

图 1-15 大漆现主要用于制作工艺美术漆器

比较强，配套适应性也好，可作为各种金属面的底漆，特别适用于湿热气候和水下使用。酚醛磁漆可用在船舶、绝缘以及石油化工的防腐蚀方面。

红棕酚醛透明漆又叫做改良金漆，它是在酚醛清漆中加入天然沥青、油溶性红颜料等配制而成，通常用于中、低档木器涂饰。

1.1.2.4 沥青漆类

沥青是由分子量不同的碳氢化合物及其非金属衍生物组成的黑褐色复杂混合物，呈液态、半固态或固态，是一种防水、防潮且防腐的有机胶凝材料。沥青具有十分优良的耐水及耐化学药品腐蚀的特点，而且价廉易得，施工方便。沥青大多是黑棕色的，这就限制了它的装饰性。沥青漆（图 1-17）还有一个缺点，在它的涂膜上无法再涂饰其他类型的涂料。沥青与油、松香脂或酚醛树脂等合制的沥青漆比单独使用沥青或

酚醛树脂漆是由苯酚和甲醛在催化剂条件下缩聚，经过中和、水洗而制成的树脂

图 1-16 酚醛树脂漆

沥青与油制成的漆的机械性能更好，而且提高了耐光性与耐久性，所以它更适用于机械零件、五金制品、自行车、缝纫机以及车辆、船舶的涂饰。沥青漆中混入铝粉制成的铝粉沥青涂料，由于铝粉的反射作用，使该涂料具有良好的耐光、耐热性能。加入石墨的沥青漆，也是非常好的耐热涂料。

1.1.2.5　醇酸树脂漆类

醇酸树脂主侧链结构中都含有酯基团的低分子量聚酯树脂，有线型（支链短而少）和支链型两种。醇酸树脂漆（图1-18）是当前产销量最大的一种合成树脂涂料，品种较多、应用广泛。按其含油量不同，醇酸树脂漆可分为长油度、中油度以及短油度3种类型。用中油度干性醇酸树脂制成的涂料，是醇酸树脂漆中最重要的一类，其特点是能常温干燥，干燥速度也比普通油基漆快；它的涂膜户外耐久性很好，可达3年以上。它的漆膜光亮丰满，平整坚韧，对金属有极强的附着力，被广泛用于金属、木材表面的涂饰。通常大中型交通车辆、机械电机设备以及其他一些不易烘烤的工业制品等，均是采用配套的醇酸底漆、腻子、磁漆的涂饰。实践表明，房屋建筑的门窗使用这种磁漆涂饰，比用其他油基涂料寿命更长。

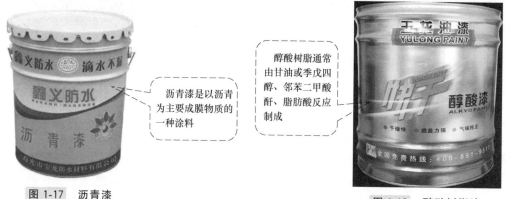

沥青漆是以沥青为主要成膜物质的一种涂料

醇酸树脂通常由甘油或季戊四醇、邻苯二甲酸酐、脂肪酸反应制成

图1-17　沥青漆

图1-18　醇酸树脂漆

用长油度干性醇酸树脂制成的涂料，能够比中油度醇酸树脂涂料更富有涂刷性，方便大面积施工，其涂膜除上述特点外，还具有柔韧保光的特点，非常适合井架、桥梁、电视塔、大型厂房等钢铁结构制件的涂饰。

1.1.2.6　氨基树脂漆类

氨基树脂漆是以氨基树脂与醇酸树脂为主要成膜物质的一类涂料。氨基醇酸树脂漆中，氨基树脂改进醇酸树脂的硬度、光泽、干燥速度以及耐碱、耐油性能；醇酸树脂则可增强氨基树脂的韧性和附着力。根据氨基树脂与醇酸树脂用量比例不同，通常将氨基树脂漆分为高氨基树脂漆、中氨基树脂漆和低氨基树脂漆。

磁漆多数是浅色或是色彩鲜艳的品种

图1-19　磁漆

氨基醇酸漆的主要品种包括氨基清烘漆、氨基磁漆、氨基静电烘漆、酸固化氨基醇酸漆。清漆主要是用作磁漆（图1-19）涂膜上面的罩光，增强其装饰性能。氨基醇酸漆需要加热干燥，烘烤温度通常在120℃左右，因此不宜用作木材和不能用在高温烘烤的物件上

涂饰。

酸固化氨基醇酸漆可在常温下固化，和其他氨基漆相比属于快干性的。氨基醇酸漆的固体分含量高达55％～60％，约为硝基漆的两倍，因此用较少的涂饰次数就能达到要求的漆膜厚度。酸固化氨基醇酸漆是以酸类作为涂料的固化剂，有盐酸、硫酸、磷酸等无机酸，还包括对甲苯磺酸、石油磺酸及苯甲酸等有机酸，其中盐酸比较常用。配漆时，使用10％盐酸酒精溶液，加入量通常为树脂的5％～10％。固化剂用量随气温变化而增减，气温低则固化剂用量相应增多。固化剂用量过大虽然漆膜干燥快、硬度高，但是容易引起涂层发白，漆膜易开裂。

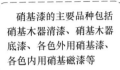

硝基漆的主要品种包括硝基木器清漆、硝基木器底漆、各色外用硝基漆、各色内用硝基磁漆等

1.1.2.7 硝基漆类

硝基漆（图1-20）俗称"蜡克"，是以硝化棉作为主要成膜物质，再配以合成树脂、增塑剂、颜料，溶于有机溶剂制成。其特点是漆膜干燥快，一般油漆干燥时间需要经过24h，而硝基漆仅需十几分钟就可干燥；漆膜坚韧耐磨，可打蜡抛光，避免沾尘、发黏、皱皮等现象；硝基漆的漆膜光泽好，但它在潮湿环境中施工容易泛白失光。硝基漆的固体含量低，干燥后涂膜较薄，因此往往要喷涂多次。

硝基漆主要用于高级木器、高档室内装饰以及汽车、电机、机床、仪器、皮革、织物、铅笔、工艺品和需要快速干燥的其他机械设备和金属制品等的涂饰，适用于施工现场。

图1-20　硝基漆

1.1.2.8 纤维素漆类

过氯乙烯漆是以过氯乙烯树脂为主要成膜物质，加入适量的其他树脂、增塑剂、颜料（清漆不加）经过研磨后，溶于有机溶剂配制而成

纤维素漆是由天然纤维素经过化学处理后制成的以纤维素酯、纤维素醚为主要成膜物质的涂料，如乙酸丁酸纤维涂料、乙基纤维涂料和苄基纤维涂料等。这类漆的主要优点是干燥快，一般表干10min，实干1h；漆膜硬度高，耐磨性、柔韧性好；漆膜不易泛黄，耐久性良好。其缺点是漆液固体含量低，需多次施工。纤维素漆品种不多，主要用于蒙布、皮革、木器、塑料制品的涂饰，也可用于已涂有面漆的金属制品罩光。

1.1.2.9 过氯乙烯漆类

过氯乙烯漆（图1-21）的特点是漆膜干燥迅速，室温条件下表面干燥10～15min，实际干燥约3h；涂膜柔韧性、稳定性良好，曝晒一年半仍可保持其外观及颜色；具有良好的化学稳定性，常温下能够耐25％的硫酸、硝酸及40％的氢氧化钠溶液的侵蚀达几个月之久；具有很好的三防性能（防霉、防湿热、防盐雾），它耐水、耐酒精、耐机油、耐臭氧，具有不延燃

图1-21　过氯乙烯漆

性能以及良好的耐寒性等优点。它的缺点是涂膜的附着力较差，施工条件过于潮湿时涂膜很容易成张揭起；漆膜的坚硬性不如硝基漆，故而打磨抛光性能较差；耐热性能虽然比硝基漆好一些，但使用温度不得超过 80℃。此外，过氯乙烯漆的固体分含量很低，涂膜较薄，通常需要涂 2～3 层，特殊防腐从底漆到罩面则需要涂 6～8 层之多。

过氯乙烯漆需要配套使用，即底漆、磁漆、清漆互相结合成为一套完整的涂膜，如耐化学用漆包括耐化学底漆、耐化学磁漆、耐化学清漆。

1.1.2.10　乙烯树脂漆类

乙烯树脂漆类具有优良的耐化学腐蚀性和耐水性，它的漆膜坚韧、不易燃，对酸、碱、油、氧化剂的作用极其稳定；尤其适用于水下金属物件的防腐涂用，是船舶和其他海水构件的理想涂料。由于这类涂料耐温性较差，因此在航空中应用较少。

乙烯类漆的品种较多。如聚氯乙烯树脂漆可用于聚氯乙烯塑料制品表面涂饰；氯乙烯、偏氯乙烯树脂漆可用于金属、建筑物的混凝土表面、皮革以及橡胶织物等涂饰；氯乙烯 - 醋酸乙烯共聚树脂漆可用于耐化学腐蚀、耐海水的构筑物、船舶各部位的涂饰；聚醋酸乙烯漆用于涂刷墙壁；聚乙烯醇缩醛类漆可作为室内外建筑涂料；聚二乙烯乙炔树脂类漆用作防腐蚀涂料、防水涂料、船底防锈漆等。

1.1.2.11　丙烯酸树脂漆类

丙烯酸树脂漆（图 1-22）的突出优点是光泽和保色、保光性好，户外耐久性好，而且耐汽油以及酸、碱等化学品，所以，它是一种具有良好装饰性能的极具发展前途的涂料。它还具有优良的防湿热、防盐雾、防霉菌性能及抗水性能，适用于我国东南沿海以及湿热地区。丙烯酸漆的使用范围极其广泛，如航空、车辆、机器、仪表、医疗器械、电冰箱、电风扇、缝纫机、自行车、木器等。丙烯酸树脂漆主要包括两种类型。一是热塑型丙烯酸树脂漆，是一种挥发型漆，类似硝基漆，所含固体分通常在

丙烯酸树脂漆是以甲基丙烯酸酯和丙烯酸酯的共聚树脂为主要成膜物质的一种涂料

图 1-22　丙烯酸树脂漆

20% 左右，可作为汽车、医疗器械、仪表等涂饰用的涂料，也可以作为黄铜、铝以及银器等表面的涂饰，可以避免这类有色金属的变色。这种漆的施工方法和硝基漆类似，可以喷涂、刷涂、淋涂，也可用棉花团擦涂。可用硝基漆稀释剂稀释，它借助溶剂挥发而固结成膜，室温下固化时间约 1h。另一种是热固型丙烯酸树脂漆，它的固体分高（约为 50%），因此涂膜十分厚实坚韧，耐溶剂、耐化学药品与耐热性更好，加热可以促使涂料固化。这类涂料需要烘干，它的装饰性比氨基醇酸烘干漆更为优越。

还有一种是加交联剂方能在常温下固化的热固型丙烯酸树脂漆。它一般分成两个组分包装，使用时按规定比例调配，使用多少配多少，随用随配，避免胶化。在 20～27℃ 时有效使用时间为 4～5h，28～35℃ 时为 3h，可喷涂、刷涂、淋涂。涂饰一次室温下表面干燥需 2～4h，实际干燥需 24h。

1.1.2.12 聚酯树脂漆类

聚酯漆是以多元酸和多元醇缩聚而成的聚酯树脂为主要成膜物质的涂料。聚酯树脂漆中应用较多的是不饱和聚酯漆，它的特点是涂膜较厚、外观丰满、表面光亮、硬度高、颜色浅、耐磨、耐热、耐寒、耐潮、耐溶剂等。由于空气中氧气对它的涂膜有防止干结的作用，因此在涂覆后漆膜必须隔绝空气，常用的聚酯漆有蜡型与非蜡型两种，前者用漆中的石蜡隔氧，后者用玻璃或涤纶薄膜隔氧。该漆在施工中因需要隔绝空气，使用起来比较麻烦，通常只适用于工厂化大平面的涂饰。

在木器透明涂饰时经常使用的聚酯清漆一般为四组分。调配时，将四组分按100（不饱和聚酯的苯乙烯溶液）∶（4～6）（过氧化环乙酮浆）∶（2～3）（环烷酸钴液）∶1（石蜡的苯乙烯溶液）的质量比混合搅拌均匀。混合后的漆料应要在20～40min内用完，时间过长就会胶化。适用于工厂加工。

1.1.2.13 环氧树脂漆类

环氧树脂漆（图1-23）对金属表面的附着力强，耐化学腐蚀性好，特别是耐碱性最为优良。它的漆膜硬度高，韧性好以及耐扭曲、耐冲击好；环氧树脂漆的品种很多，主要包括溶剂、无溶剂、粉末。溶剂型主要包括胺固化、热固化、环氧酯3种。

环氧树脂漆是一种以环氧树脂为主要成膜物质的涂料

图1-23　环氧树脂漆

（1）胺固化环氧树脂漆　属于一种双组分涂料。它的树脂、颜料、溶剂等作为一组分，固化剂是另一组分，使用时将两种组分混合后涂在物面上，树脂受胺固化剂的作用，在室温下干燥。

（2）热固化环氧树脂漆　是由环氧树脂和酚醛树脂或氨基树脂拼合制成的一种涂料。施工时需经过烘烤方可成膜。

（3）环氧酯漆　是用环氧树脂和脂肪酸反应制得的环氧酯制成的。这种漆烘烤温度低，因此扩大了使用范围，如环氧铁红底漆是目前一种非常重要的金属用底漆。

（4）无溶剂环氧树脂漆　不含挥发性有机溶剂，涂料中的固体分高，涂膜厚实丰满，一次施工厚度可达0.1mm以上，减少了施工次数。它的涂膜具有极强的耐化学腐蚀性，可作为石油贮罐、船舶等使用的防腐蚀涂料。

（5）粉末环氧树脂漆是一种不含任何溶剂的涂料，能够涂成厚膜，可它不能用一般方法施工，要采用流化床的涂饰方法。

1.1.2.14 聚氨酯树脂漆类

聚氨酯树脂漆（图1-24）是由多异氰酸酯与多元醇逐渐聚合或是加成聚合反应形成的高聚物。这种涂料具有十分优良的特性，涂膜的耐磨性极强，居各类涂料之首；具有优异的保护性，又兼具美观的装饰性；漆膜附着力强，且具有高弹性，可根据需要调节成分配比，制成极坚硬或极柔韧的涂层；涂膜具有比较全面的耐化学药品性能，能高温烘干，也可自干固化。聚氨酯涂料的不足之处是对施工条件要求严格，若操作不慎易引起层间剥离、起小泡等弊病；涂料中含过量的游离异氰酸酯，不利于健康，施工时应加强通风，注意劳动保护。

聚氨酯树脂漆又称为聚氨基甲酸酯树脂涂料，是漆膜中含有相当数量的氨基甲酸酯链节的高分子化合物

图 1-24   聚氨酯树脂漆

聚氨酯漆的种类很多，目前普遍使用的有以下 5 种。

（1）聚氨酯油   它是以聚氨酯改性油而来，具有比醇酸漆更好的耐碱、耐油及耐溶剂性，可用于涂饰木材制件，也可涂覆在水泥等上作为防护性涂料。

（2）湿固化型聚氨酯   它是以异氰酸酯类和含有羟基的聚酯、聚醚树脂或其他化合物反应制成的一种漆。此类漆在室温干燥，有较高的耐化学腐蚀性和耐磨性、漆膜光亮、弹性好，尤其是它靠湿气固化，可在潮湿环境下施工。这类漆可作为金属、木材、水泥等制件的防腐蚀性涂料。

（3）催化型聚氨酯漆   这是一种双组分的涂料，使用时应按要求加入胺类固化剂（如二甲基乙醇胺），以加快涂膜干燥。

（4）封闭型聚氨酯漆   它是由二异氰酸酯用苯酚或其他化合物封闭的加合物与多烃基组分一同制得的一种涂料。这种涂料需要加热烘烤，使得涂层在高温条件下固化成膜，因此它的涂膜性能良好，其清漆可作为要求强度高的漆包线专用漆使用。

（5）多羟基型聚氨酯漆   它也是一种双组分涂料，施工时按照要求比例混合使用，变化其配比，可以制得从坚硬到柔软的各种涂膜的涂料，以便于适应金属、水泥、木材、皮革、橡胶、织物等涂面的广泛要求。

1.1.2.15　元素有机漆类

有机硅树脂制成的涂料是一种很好的耐热、绝缘涂料。以有机硅树脂的甲苯溶液所制成的清漆，涂膜经过 200℃以上烘干后，具有极佳的耐热性，可在高温环境中反复使用。有机硅涂料还具有极好的耐水性与耐寒性，它的耐寒温度一般可达−50℃左右。以有机硅树脂与铝粉制成的涂料可耐高温。以聚酯树脂、醇酸树脂和环氧树脂等改性的有机硅树脂漆（图 1-25），进一步改进涂膜的性能，比单纯的有机硅涂料具有更强的附着

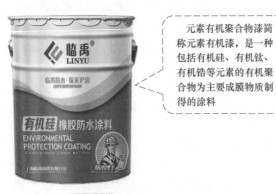

元素有机聚合物漆简称元素有机漆，是一种包括有机硅、有机钛、有机锆等元素的有机聚合物为主要成膜物质制得的涂料

图 1-25   元素有机聚合物漆

力，更好的柔韧性、耐化学药品和溶剂等性能。为此，有机硅涂料被广泛地用在大型耐高温机械设备上，另外，某些耐化学腐蚀设备和长期需要维护的室外设备也可使用。

1.1.2.16 橡胶漆类

橡胶漆（图1-26）是以天然橡胶衍生物或合成橡胶作为主要成膜物质制成的一种涂料。它涂层干燥快，漆膜柔韧性、耐磨性、耐水、耐化学性能良好，但漆膜易变色，不耐紫外线照射。

橡胶漆主要包括氯化橡胶涂料和氯丁橡胶涂料

图1-26 橡胶漆

（1）氯化橡胶涂料 它是一种具有优良耐水和耐化学腐蚀的涂料。它还具有极佳的附着力、绝缘性和防霉性；它的固体分含量也非常高，漆膜厚，便于厚涂法施工，可减少涂刷次数。它主要用于船舶、化工机械设备、贮槽、管道的防腐蚀。

（2）氯丁橡胶涂料的优点 耐水性优良、耐曝晒、耐酸碱等，耐高温可达93℃，耐低温到－40℃。它对金属、木材、纸张、塑料等制品具有极强的附着力，可作为地下、水下与潮湿环境中物件的防腐蚀涂料。

1.1.2.17 其他漆类

一般涂料大都是采用油或合成树脂为主要成膜物质制成的，但也有例外，如无机富锌水性涂料即属于其他类型涂料。因为国民经济各部门涂饰的目的不同，所以工业上还生产出许多特种用途的涂料。

1.1.3 涂料施工的次要材料

1.1.3.1 腻子

腻子用于填充基层表面的凹坑、裂缝、孔眼等缺陷，使其平整并达到涂装施工的要求。腻子一般由大量的体质颜料和胶黏剂、着色颜料、水或溶剂、催干剂等组成。胶黏剂通常包括猪血、熟桐油、清漆、合成树脂溶液、乳液及水等。腻子对基层的附着力、腻子强度以及耐老化性等往往会影响到整个涂层的质量，故需根据基层、底漆、面漆的性质选用，最好配套使用。在施工中不得随意减少腻子刮涂的遍数，要等到腻子彻底干燥、打磨后才可涂刷涂料，防止影响涂层的附着力。常用的腻子分为水性腻子、油基腻子和挥发性腻子3种。用皮胶或骨胶作为黏结料调成的腻子称为水性腻子。水性腻子成本低廉、防锈性差、硬度低、着色容易、耐高温，在建筑上通常用于木制面和墙面，使用时需临时调配。外墙腻子粉如图1-27所示。用桐油等作为黏结料制成的腻子称为油性腻子。用漆料作为黏结料配成的腻子称为漆基腻子。漆基腻子又分为慢干漆基腻子和快干漆基腻子。用催干剂干燥的漆料做成的腻子称为慢干腻子，用挥发剂干燥的漆剂做成的腻子称为快干腻子。腻子绝大部分已做到工厂化生产，配套出售，标明组成、性能、用途及注意事项等。如乳胶腻子施工方便、强度好、不易脱落、嵌补刮涂性好，可用于抹灰水泥面；虫胶腻子，干燥快、不渗陷、坚硬、附着力好，需现调现用，适用于木质面孔隙的初步嵌补；喷漆腻子，不可多刮，避免将其表面封住，使腻子内部不易干硬。头道腻子表面应粗糙颗粒状，便于干燥，二道三道要稀些，以利于平整。

腻子常用的体质颜料包括碳酸钙(大白粉)、硫酸钙(石膏粉)、硅酸钙(滑石粉)、硫酸锌钡(香晶石粉)等

图 1-27　外墙腻子粉

1.1.3.2　着色材料

（1）染料　染料在油漆涂饰中主要用于改变木材的天然颜色，在保持木材自然纹理的基础上使其展现出鲜艳透明的光泽，提高涂饰面的质量，是木质面透明涂饰中必不可少的材料。

染料是一种复杂的有机化合物，包括天然染料和合成染料两大类，天然染料多来自植物，合成染料来自于煤焦油或石油。

染料和颜料本质区别是在介质中溶解的情况不同，染料色素能渗入到物体内部，使得物体表面的颜色鲜艳而透明并有一定的坚牢度；而颜料并不溶于上述介质，只是均匀分散于介质中，因为它的不溶解性，色素不能深入物体内部仅起表面着色作用，是物理性的遮盖作用。建筑涂饰施工中常用的染料主要包括碱性染料，如碱性绿，粉末状溶于水，常在虫胶清漆中作拼色用；酸性染料，如酸性黑 10B，溶于水，调配成水溶液，用作着色剂；油溶性染料，如油溶黄，不溶于水，可溶于油脂等，调入腻子或虫胶漆中作涂层着色、拼色用；分散性染料，如分散黄 RGFL，土黄色粉末，溶于丙酮等浓溶剂中，不溶于水，但能够均匀分散在水中，调入树脂色浆与树脂面色内作为木质表面着色；醇溶性染料，如醇溶黑灰黑色粉末，不溶于水，溶于乙醇，调配在虫胶漆中着色、拼色用等。矿物质颜料如图 1-28 所示。

矿物质颜料主要包括：银朱(紫粉霜)、樟丹、赭石(土朱)、朱膘、石黄(黄金石)、雄黄、雌黄、土黄、佛青(群青)、毛蓝(深蓝靛)、洋绿、沙绿、石绿铜绿、绿铅粉(宫粉)、锌白、钛白、黑石脂(石墨)

植物质颜料主要包括藤黄、胭脂、墨等。

（2）填孔料　填孔料分为水性填孔料和油性填孔料两种，也称为水老粉和油老粉，是由体质颜料、着色颜料、水或油等调配而成。在木质面涂饰工艺中填孔料不但可填平木质表面

图 1-28　矿物质颜料

的管孔，还可以起到封闭基层和适当着色，减少后续涂膜塌陷、节约涂料的作用。

水性填孔料与油性填孔料的组成、配比和特性见表1-1。

表1-1　填孔料的组成、配比和特性

种类	材料组成及配比（质量比）	特　点
水性填孔料	碳酸钙（大白粉）65%～72% 水 28%～35% 颜料适量	优点：调配简单、施工简便、干燥快、着色均匀、价格便宜。缺点：易使木纹膨胀，易收缩开裂，附着力差，水纹不明显
油性填孔料	碳酸钙（大白粉）60% 清油 10% 松香水 20% 煤油 10% 颜料适量	优点：木纹不会膨胀、收缩小、开裂少、干后坚固、着色效果好、透明、附着力较强、吸收上层涂料少。缺点：干燥慢、价格高、操作不如水粉方便

（3）水色、酒色和油色　在木质面透明涂饰的涂层着色工艺中，常用的材料包括水色、酒色、油色3种，它们在涂层色彩的处理上是关键性的工序，尤其是水色，它具有色泽鲜艳、透明度高的特点，适用于中高级涂饰工艺。这三种材料的组成及特点见表1-2。

表1-2　水色、酒色、油色的组成及特点

种类	材料组成	特　点
水色	常用黄纳粉、黑纳粉等酸性染料溶解于热水中，水的重量通常占80%～90%	透明无遮盖力，故能显露出天然木纹，但耐晒性稍差，易褪色
酒色	用醇溶性染料或碱性染料溶解在酒精或虫胶清漆中	能够显露木质的天然纹理，耐晒性好，着色比碱性染料和水色强
油色	用氧化铁系颜料、哈巴粉、锌钡白、大白粉等调入松香水中然后加入清油或清漆等调成薄浆状	由于用无机颜料作着色剂，耐晒性好，不易褪色，但不易显露木纹

1.1.3.3　胶料

胶料在建筑涂饰中应用广泛，除普通的胶黏剂外，主要用于水浆涂料或调配腻子用，有时也作封闭涂层用。常用的胶包括动植物胶和人工合成的化学胶料，见表1-3。

表1-3　常用胶料的种类及特点

种类	特　点	用　途
鸡脚菜胶	鸡脚菜∶水＝1∶20，煮沸后用文火熬制，由于制料来源困难，制作费事，现已被聚醋酸乙烯乳液和纤维素等其他材料代替	调配大白浆等水浆、涂料或水性腻子
血料	是使用广泛的传统制料，通常是猪血。能节约大量涂料，成本低、效果也好，但材料来源不稳定、调配费事、有气味	可用血打底，熟血用于调配腻子或打底
聚醋酸乙烯乳液（图1-29）	黏结性能好、用途广泛、使用方便、无毒无味，但价格较贵	可代替菜胶、皮胶，调配水浆涂料和腻子
108胶（聚乙烯醇缩丁醛胶）（图1-30）	在建筑装饰上用途广泛。黏结性能好、施工方便。108胶不宜存放过久，不宜贮存在铁质容器内	调配水浆涂料

聚醋酸乙烯乳液也称白胶，是现代建筑装饰中使用十分广泛的黏结材料

图 1-29　聚醋酸乙烯乳液

108胶由聚乙烯醇缩丁醛、羧甲基纤维素和水组成，有建筑"万能胶"之称

图 1-30　108 胶

1.1.3.4　研磨材料

研磨材料在涂饰施工中必不可少，所有的工艺都离不开它。研磨材料按其用途可分为打磨材料和抛光材料。

（1）打磨材料　所谓打磨实际是大量的磨料颗粒对被磨物体表面切削的过程，它的好坏直接影响到涂层的质量和外观效果。打磨材料中使用最广泛的是砂纸和砂布。磨料有天然和人造两类。天然的磨料包括刚玉、石榴石、石英、火燧石、浮石、硅藻土、白垩等；人造磨料包括人造刚玉、玻璃及各种金属碳化物。磨料的性质与它的形状、硬度及韧性有关。磨料的粒径（粒度）是按照每平方英寸的筛孔来计算的。国内常用的木砂纸和砂布代号是依照磨料粒径来划分的，代号越大，磨粒越粗。而水砂纸则相反，代号越大磨粒越细。有关砂纸（图1-31）、砂布（图1-32）的分类及用途见表1-4。

图 1-31　砂纸

图 1-32　砂布

表 1-4　砂纸、砂布的分类及用途

种类	磨料粒度号数/口	砂纸、砂布代号	用　途
最细	240～320	水砂纸：400;500;600	清漆、硝基漆、油基涂料的层间打磨及漆面的精磨
细	100～220	玻璃砂纸：1;0;00; 金刚砂布：1;0;00;000;0000 水砂纸：220;240;280;320	打磨金属面上的轻微锈蚀，涂底漆或封闭底漆前的最后一次打磨

续表

种类	磨料粒度号数/口	砂纸、砂布代号	用　途
中	80～100	玻璃砂纸:1;1$\frac{1}{2}$ 金刚砂布:1;1$\frac{1}{2}$ 水砂纸:180	清除锈蚀,打磨一般的粗糙面,墙面涂刷前的打磨
粗	40～80	玻璃砂纸:1$\frac{1}{2}$;2 金刚砂布:1$\frac{1}{2}$;2	对粗糙面,深痕及有其他缺陷的表面的打磨
最粗	12～40	玻璃砂纸:3;4 金刚砂布:3;4;5;6	打磨清除磁漆,清漆或堆积的擦膜及严重的锈蚀

注:表中磨料粒度号数表示磨料粒径,号数越大粒径越细。

（2）抛光材料　抛光材料主要用于油漆涂膜表面,它不但能使涂膜更加平整光滑,提高装饰效果,还可以对涂膜起到一定的保护作用。常用的抛光材料主要为砂蜡（图1-33）和上光蜡（图1-34）。砂蜡是由细度高、硬度小的磨料粉与油脂蜡或胶黏剂混合制成的浅灰色膏状物。上光蜡是溶解于松节油中的膏状物,分为乳白色的汽车蜡和黄褐色的地板蜡两种。抛光材料的组成与用途见表1-5。

砂蜡是专供抛光时使用的辅助材料

上光蜡主要用于漆膜表面的最后抛光

图1-33　砂蜡

图1-34　上光蜡

表1-5　两种抛光材料的组成与用途

名称	组成				用　途
	成分	配比(质量)			
		方法1	方法2	方法3	
砂蜡	硬蜡(棕榈蜡)	—	10.0	—	浅灰色的膏状物,主要用于擦平硝基漆、丙烯酸漆、聚氨酯漆等漆膜表面的高低不平处,并且可消除发白污染、枯皮及粗粒造成的影响
	液体蜡	—	—	20.0	
	白蜡	10.3	—	—	
	皂片	—	—	2.0	
	硬脂酸锌	9.5	10.0	—	
	铅红	—	—	60.0	
	硅藻土	16.0	16.0	—	
	蓖麻油	—	—	10.0	
	煤油	40.0	40.0	—	
	松节油	24.0	—	—	
	松香水	—	24.0	—	
	水	—	—	8	

续表

名称	组成				用　　途
	成分	配比（质量）			
		方法1	方法2	方法3	
上光蜡	硬蜡（棕榈蜡）	3.0	20.0		主要用于漆面的最后抛光，增加漆膜亮度，具有防水、防污物作用，延长漆膜的使用寿命
	白蜡	—	5.0		
	合成蜡	—	5.0		
	羊毛脂锰皂液	10%	5.0		
	松节油	10.0	40.0		
	平平加"〇"乳化剂	3.0	—		
	有机硅油	5%	少量		
	松香水	—	25.0		
	水	83.998			

1.1.4　涂料施工辅助材料

1.1.4.1　溶剂

溶剂兼有稀释的作用。溶剂是一种能够挥发的液体，能溶解和稀释树脂、沥青、硝化纤维素及其他产品，调整它们的黏稠度，便于施工操作。溶剂在漆配方中虽然占很大比例，但在漆膜后并不留在漆膜上，而是全部挥发到空气中。它是液体漆的主要组分，包括松节油（图1-35）、松香水、苯、二甲苯、乙酸乙酯、乙酸丁酯、乙醇、丙酮、环己酮、苯乙烯、汽油、煤油等。

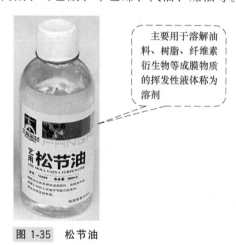

主要用于溶解油料、树脂、纤维素衍生物等成膜物质的挥发性液体称为溶剂

图1-35　松节油

不同的溶剂，如松节油对油料、松香而言是溶剂，而对硝化纤维素而言是没有溶解能力的，所以就不是硝化纤维素的溶剂；香蕉水（酯类）可以稀释和溶解硝化纤维素，所以香蕉水是硝基漆的稀释剂；醇酸磁漆用二甲苯或松香水稀释，而洋干漆主要是用乙醇来溶解。正确地选用溶剂对提高涂膜质量，降低成本，减少对操作人员健康的危害均有很大的意义，为此选择溶剂时应注意以下几点。

① 选择溶剂应考虑到溶剂的溶解成膜物质的能力，加入溶剂后不能产生浑浊和沉淀的现象，要保持涂料透明和有一定的黏度。

② 溶剂的颜色要浅淡，最好是无色透明的，杂质应尽可能的少，否则会影响漆膜干燥后颜色。

③ 在同类溶剂中应尽量选择毒性低的溶剂。如果必须采用毒性大的溶剂时，应考虑能否采用混合溶剂（用低毒性溶剂代替部分高毒性溶剂），来降低毒性，并加强劳动保护。

④ 要考虑溶剂的挥发速度，以适应漆膜的形式。挥发太快会影响漆膜流平；挥发太慢，则出现漆膜流挂及干燥缓慢。

⑤ 同类型涂料的底漆和面漆应使用相同的溶剂。

⑥ 尽量选用闪点、着火点、自燃点较高的溶剂，而溶剂的腐蚀应小，化学稳定性要好。

⑦ 要尽可能选用价格便宜又适用、来源广泛、容易供应的溶剂。

1.1.4.2 稀释剂

在涂料施工时，稀释剂（图1-36）通常用来调节涂料黏度以及清洗施工工具设备。

（1）油基漆 一般采用200号溶剂汽油或松节油即可，如漆中树脂含量高，就需要将两者按一定比例混合使用，或加入适量芳香烃溶剂。

（2）醇酸树脂漆

① 通常长油度的可用200号溶剂汽油，中油度的可用200号溶剂汽油和二甲苯按1∶1混合使用，短油度的可用二甲苯。如X-4醇酸稀释剂可以稀释醇酸漆，也可稀释油基漆。

在涂料中不得单独溶解成膜物质，只是用来稀释现成成膜物质溶液的挥发液体，称为稀释剂

图1-36 稀释剂

② 长油度醇酸树脂漆。典型的品种是用65%油度的干性油季戊四酸树脂制成的磁漆。其特点是耐候性优良，适用于作建筑物、大型钢结构的户外面漆。因为长油度醇酸树脂与其他成膜物质的混溶性较差，所以不能用来制备复合成膜物质为基础涂料。

③ 中油度醇酸树脂。因为中油度干性油改性醇酸树脂制成较快，保光耐候性好，应用广泛，50%油度的亚麻油、梓油以及豆油改性醇酸树脂漆均属此类，供进一步改性的也往往是这一类。

④ 短油度醇酸树脂。这类漆的品种较少。由于短油度醇酸树脂的混溶性最好，因此主要是与其他树脂拼合制备烘漆，锤纹漆和过氯乙烯树脂拼合增加附着力，蓖麻油醇酸树脂在硝基漆中作增韧剂使用。

（3）氨基漆 通常用丁醇与二甲苯（或200号煤焦油溶剂）的混合溶液。可采用表1-6所列的配方。

表1-6 氨基漆稀释剂配方（百分比）

氨基漆稀释剂	1号	2号
二甲苯	50	80
丁醇	50	10
乙酸乙酯	—	10

（4）沥青漆 通常用200号煤焦油溶剂、200号溶剂汽油、二甲苯，在沥青漆中有时添加少量煤油以改善流动性；有时也加入一些丁醇。

（5）硝基漆 硝基漆稀释剂又称为香蕉水，因闻着有香蕉的味道而得名，如X-1、X-2等。它们由酯、酮、醇和芳香烃类溶剂组成，硝基漆稀释剂配方见表1-7。

表 1-7　硝基漆稀释剂配方（百分比）

硝基漆稀释剂	1 号	2 号	3 号
乙酸丁酯	25	18	20
乙酸乙酯	18	14	20
丙酮	2	—	—
丁醇	10	10	16
甲苯	45	50	44
酒精	—	8	—

此外，还包括硝基无苯稀释剂，以轻质石油溶剂代替苯或甲苯为原料的一种硝基漆稀释剂。应用这种稀释剂后，可避免引起施工时苯中毒的缺点。

（6）过氯乙烯漆　用酯、酮及苯类等混合溶剂，但不得用醇类溶剂。特别要说明的是：应用价格便宜的甲醛酯（二乙氧基甲烷）和 120 号汽油来代替毒性大的纯苯，在硝基漆与过氯乙烯漆中应用收到很好效果。过氯乙烯漆稀释剂配方见表 1-8。

表 1-8　过氯乙烯漆稀释剂配方（百分比）

过氯乙烯漆稀释剂	1 号	2 号	过氯乙烯漆稀释剂	1 号	2 号
乙酸乙酯	20	38	环己酮	5	—
丙酮	10	12	二甲苯	—	50
甲苯	65	—			

（7）聚氨酯漆。用无水二甲苯、甲苯与酮或酯混合溶剂，但不得用带羟基的溶剂，如醇类、酸类等。聚氨酯漆稀释剂配方见表 1-9。

（8）环氧漆　由环己酮、二甲苯等组成，专供环氧树脂涂料稀释使用。环氧漆稀释剂配方见表 1-10。

表 1-9　聚氨酯漆稀释剂配方（百分比）

聚氨酯漆稀释剂	1 号	2 号
无水二甲苯	50	70
无水环己酮	50	20
无水乙酸丁酯	—	10

表 1-10　环氧漆稀释剂配方（百分比）

环氧漆稀释剂	1 号	2 号	3 号
环己酮	10	—	—
丁醇	30	30	25
二甲苯	60	70	75

1.1.4.3　催干剂

催干剂是一种可以促使漆膜干燥的物质，如铝、锰、铅、锌、钙、铁六种金属的氧化物、盐类以及它们的各种有机酸的皂类，对于干性油膜的吸氧聚合能够起一种类似催化剂的作用。例如，亚麻籽油未加催干剂之前约需几天才能干结，加入催干剂后在 12h 内即可干结成膜，可显著缩短施工工期。目前经常使用的是铅、钴、锰混合催干剂。催干剂的加入量通常为漆重的 1%～3%，最高不超过 5%，超过限量反而会发黏，起不到催干的作用。催干剂仅用于油基漆类、醇酸漆类、树脂漆之类的涂料中。

（1）催干剂的性能要求　优良的催干剂应具有如下要求：

① 在常温下能够均匀地扩散在清漆或磁漆中；

② 使用较少的量即可达到催干的效能；

③ 颜色浅，调稀后不发生沉淀、浑浊并且不加深白漆颜色；

④ 储存稳定性好，不易被颜料吸收和影响干性。

（2）常用催干剂种类

① 金属氧化物及盐类。金属氧化物如二氧化锰、氧化铅（黄丹）、氧化锌等；盐类如乙酸铅、乙酸钴、氯化钴等。它是应用最早的催干剂，以固体形式加到热的干性油中。在涂料干燥的最初阶段，油被氧化后，进一步和金属氧化物或盐反应，使金属进入到溶液中去，随即产生催干效用。因这种催干剂活性低，使用不方便，至今除了某些土法熬熟油外，已很少使用。

② 亚油酸盐和松香酸盐。是用亚麻仁油或松香与金属氧化物或盐反应制成浓缩的亚油酸盐或松香酸盐，然后使用 200 号溶剂汽油或松节油溶解而成。这类催干剂的特点是制造简单、成本较低；缺点是其分散性较差，特别在储存过程中，因不饱和酸的氧化，丧失了在油和溶剂中的溶解性能而沉淀析出。

③ 环烷酸（萘酸盐）。环烷酸是应用比较广泛的催干剂，它在储存过程中性质稳定，溶液的黏度低且活性高，在各种涂料中的分散性能好，因此可用较少量的催干剂，而获得同样的干燥速率。

④ 液体催干剂-乙基己酸盐类。它的催干能力虽然不高，但能够获得较浅的颜色，如与钴、锰干剂共用，可得到一种浅色有效的混合催干剂。

（3）催干剂的用量　通常按醇酸树脂固体组分和油基漆内含油量计算，表 1-11 就是一些涂料在正常干燥范围内所用催干剂的用量。

表 1-11　催干剂用量

类别	100g 固体（醇酸树脂）或油（油基漆）所需催干剂纯金属的量/g			
	钴	锰	铅	钙
长油度醇酸漆	0.025～0.10	0.025～0.05	0.25～1.0	0.1～0.25
中油度醇酸漆	0.025～0.05		0.25～1.5	0～0.1
短油度醇酸漆			0.1～0.2	—
油脂漆	0.075～0.15	0.025～0.075	0.5～1.0	—
长、中油度油基漆	0.05～0.1	0.025～0.05		—
短油度油基漆	0.05～0.15	0.025～0.075	0.5～1.5	—

（4）催干剂的使用要求　催干剂通常是多种混用，因为混合使用活性较大，而且可以取长补短，以获得单一催干剂无法得到的性能。

一般涂料在出厂时都已加入获得漆膜所需的足够量的催干剂，因此在施工时，往往不必补加催干剂，如在冬天或较冷天气施工，或因为涂料储存过久，而干性减退时，可以补加一定量催干剂，用于调节干燥性能。

有人认为既然催干剂有催干作用，是否用量越多，干燥越快，事实并非如此。干燥的速率并不与催干剂用量成正比，在一定范围内尚可，但超过一定数量之后，继续加入催干剂，干燥速度反而降低，同时还能引起漆膜起皱。另外，催干剂过多也会加快漆膜的老化。

在使用液体催干剂时，应注意催干剂加入之后，必须充分搅拌均匀，并放置 1～2h，如此才能充分发挥它的催干效能。

1.1.4.4　增韧剂

（1）定义　增韧剂又称为增塑剂、软化剂等，是以液体状态存留于漆膜中的不挥发的有机物，是树脂漆类不可缺少的一种辅助材料，用以增加漆膜的柔韧度，同时也提高漆膜的附着力。增韧剂通常用于不用油而单用树脂的涂料内，如硝基漆、三聚氰胺树脂等。

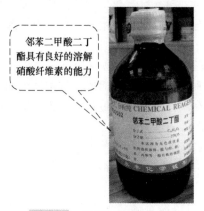

邻苯二甲酸二丁酯具有良好的溶解硝酸纤维素的能力

图 1-37　邻苯二甲酸二丁酯

（2）常用的增韧剂

① 邻苯二甲酸二丁酯（图 1-37）。在硝基漆中使用，可以增加漆膜弹性；缺点是挥发太快。

② 邻苯二甲酸二辛酯。增塑性很好，对漆膜提供优良的韧性、耐光性、耐水性，并能延长漆膜的寿命。

③ 蓖麻油。主要作为硝基漆的增塑剂和颜料湿润剂。

④ 氯化石蜡。不被氧化，也不会燃烧，耐酸碱性与耐候性良好。用作多种树脂的增韧剂。

⑤ 磷酸酯。具有良好的韧性、耐水性、耐久性、不易燃；缺点是耐色性不好，有毒。

1.1.4.5　固化剂

固化剂（图 1-38）又称为硬化剂。它是决定甲基丙烯酸漆、不饱和聚酯漆、聚氨酯漆以及氨基醇酸漆等干燥的重要辅助材料。

固化剂和催干剂不同，催干剂只是在干燥慢的涂料中，能够促进油的吸氧能力，使涂料干燥速度加快。固化剂则不同，它是以分子结构上的活性基因，和树脂分子结构上的活性基团进行反应，使分子与分子交联而固化成膜。在固化型漆中，如果不加入固化剂，这些漆将永远不会干燥，当加入适量的固化剂后，则不管漆膜多厚，都能彻底干燥。

固化剂是能与成膜物质发生交联反应而使之干燥成膜的物质

图 1-38　固化剂

固化剂通常用于合成树脂制成的涂料，如聚酯漆、环氧树脂漆、脲醛树脂胶等需要加入固化剂和树脂中的分子反应，使涂层或胶层干结固化。不同的成膜树脂应选择不同的固化剂，例如，不饱和聚酯漆用苯乙烯作固化剂；环氧树脂漆可选择乙二胺或聚酰胺树脂等作固化剂；脲醛树脂胶可用氯化铵作固化剂。

固化剂的用量应适宜，要按不同树脂所要求的用量加入。若固化剂用量过多，漆膜或胶层固化快，易出现性脆、不耐老化的弊病；固化剂过少，则漆膜或胶层固化慢。同时还要根据气温的高低等因素综合考虑。

利用合成树脂制成的涂料，有的是在室温条件下结成膜，有的是经由加热烘烤才能干结成膜，有的则需要加入酸、胺、过氧化物等物质，才能成为涂料的固化剂。目前，施工使用的固化剂主要限于双组分环氧树脂涂料（如乙二胺等）和不饱和聚酯树脂涂料（如过氧化苯甲酰等）。环氧漆固化剂产品见表 1-12。

表1-12　环氧漆固化剂产品

名称	组成	性能及用途
1号硬化剂，649固化剂	乙二胺溶解于乙醇溶液中	固化迅速、用量少，但毒性及腐蚀性较H-2环氧漆固化剂大。温度太高也不易施工。与胺固化环氧漆配套使用
环氧乙二胺加成物	环氧树脂与乙二胺加成物溶于二甲苯、环己酮	毒性小，配比较易掌握，温度较高也可施工。与胺固化环氧漆配套用
650聚酰胺固化剂	—	与环氧树脂拼合，可在室温下固化，黏结力强，柔韧性好，坚固耐磨，具有一定的耐化学腐蚀和绝缘性等性能，并且可在湿度较大的情况下施工。作环氧固化漆及无溶剂环氧固化剂用。还适用于黏合金属与非金属（铁、铝、玻璃、陶瓷、橡胶、木材、塑料等），并可浇筑机械零件、电容密封、修补水泥缝。黏结玻璃布制成的玻璃钢船壳、车厢防腐材料，不能用于黏缩聚氯乙烯塑料类。用量为环氧树脂的30%～100%

1.1.4.6　除油、脱漆剂

（1）碱液清除法　碱液除油主要是借助碱的化学作用去除钢材表面上的油脂。碱液除油配方见表1-13。

表1-13　碱液除油配方

组成	钢及铸铁件/（g/L）		铝及其合金/（g/L）
	一般油脂	大量油脂	
氢氧化钠	20～30	40～50	10～20
碳酸钠	—	80～100	—
磷酸三钠	30～50	—	50～60
水玻璃	3～5	5～15	20～30

（2）乳化碱液清除法　乳液除油是在碱液中加入了乳化剂，使得清洗液具有碱的皂化作用。

（3）脱漆剂（图1-39）　自干型的油基、酚醛和醇酸涂料脱除效果较好，烘干型或环氧树脂类的涂料脱除效果较差。

脱漆剂品种较多，主要包括溶剂型脱漆剂和酸、碱溶液脱漆剂，除此之外还有二氯乙烷、三氯乙烷、四氯化碳组成的非燃性脱漆剂、十二烷基磺酸钠乳化脱漆剂和硅酸盐型脱漆剂。

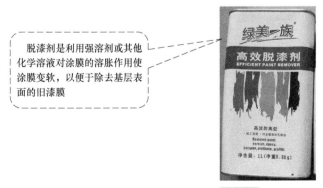

脱漆剂是利用强溶剂或其他化学溶液对涂膜的溶胀作用使涂膜变软，以便于除去基层表面的旧漆膜

图1-39　脱漆剂

1.1.5　涂料的用量、检验及储存

1.1.5.1　涂料的用量

当涂料调至施工黏度时，若长时间放置，颜料会絮凝沉降，造成涂膜色泽不一致或光泽降低。对于快干性涂料，放置过程中溶剂大量挥发使得黏度上升，导致喷涂雾化不良；对于双组分涂料，超过使用时间就会胶化报废。为了避免这些现象的发生，待调稀的涂料量通常以当班用完为宜，最长不超过 3 天。因此需要对涂料用量进行估算，如计算法、统计法和实测法，通常以单位面积消耗量表示。

计算法求涂料需要量可根据各层涂膜的厚度、密度、涂料不挥发成分以及涂料利用率等参数，可按下式求得各层涂膜的涂料单位面积消耗量：

$$各层涂膜单位面积原漆消耗量(g/m^2)=涂膜厚度×涂膜密度/原漆固体分(\%)×各涂漆方法的涂料利用率$$

$$涂料需要量=各层涂膜单位面积原漆消耗量(g/m^2)×需要涂的面积$$

1.1.5.2　油漆涂料的检验

油漆涂料存放时，有时会出现变质、变态现象，会影响其使用，需进一步检验、鉴别。一般施工单位没有专用的检验设备，多数是凭经验目测或经试用来确定。

（1）建筑油漆的检验　各类油漆正常状态时的外观及检验方法见表 1-14。

表 1-14　常用各类油漆正常外观及检验

种类	正 常 外 观	检 验 方 法
清漆类	清漆清晰透明、色泽较浅、稠度合适，以颜色越淡、越透明越好。其中酚醛清漆为浅黄、棕色至黄棕色、透明油状液体。醇酸清漆是浅红棕色透明油状液体	如有浑浊、沉淀、变稠等现象，表明漆已变质，可取出少许试用直接观察其效果。也可将试样倒入清洁干燥的比色管中，与不同浑浊度的标准液进行比较
漆类	开盖后表面没有结皮（允许轻微结皮），只有一薄层油料或稀释剂，下面较稠，但经过搅拌能充分拌和。色泽符合要求，黏度适中	如果发现沉淀、结皮变稠、变厚等现象说明有变化。将油漆搅拌后，用棒挑起油漆观察，漆丝应自由降落不中断，如果中断回缩，说明该漆快胶化变质了
生漆类	乳白色或灰黄色的黏稠液体，有浓郁的酸香味	用小棒蘸少许生漆可拉成 10～12cm 的长丝，断后丝头迅速向上钩起，生漆在毛纸面上不易渗透开。涂刷后颜色由白变红，由红变紫，最后成光亮、坚硬的漆膜
稀释剂类	质量好的稀释剂是水白色的清澈透明液体，无杂质、无悬浮物、没有异味，正常的硝基稀释剂有香蕉味，醇酸稀释剂有芳香味，氨基稀释剂应具有丁醇的温和酒精味	质量正常的稀释剂，具有一定的挥发速度，挥发后没有残余物的痕迹。可在滤纸上滴一点稀释剂，过一会儿可检查一下是否全部挥发（有无残留杂质）；将少量稀释剂与相应的树脂或漆类混合，观察其溶解性是否良好

（2）装饰涂料及辅料的检验　各类涂料及辅料正常状态时的外观及检验方法见表 1-15。

表 1-15　各类涂料及辅料正常外观及检验方法

种类	正 常 外 观	检 验 方 法
水溶涂料	浆料沉淀后表面有一定厚度的透明黏结剂液体，无浑浊现象，用手捻研，特有黏性，搅拌后，颜料悬浮均匀，有正常的浆料气味	如果出现异常气味、结絮变浑，可取少许试用，直接观察其效果

续表

种类	正常外观	检验方法
合成树脂涂料	无硬块,不凝聚、不分离,搅拌后呈均匀状态,自然条件下能干燥、固化,无发霉状态	如出现结块、凝聚、分离状态,搅拌后不能改善,可取少量试用,直接观察其效果
辅料	滑石粉:颗粒较细、颜色不是很白	用手指捻研有光滑细腻感,用水洗即掉
	大白粉:颗粒比滑石粉粗,颜色比滑石粉白	捻研时也有光滑细腻感,但不如滑石粉,用水可洗掉
	石膏粉:颗粒较粗,有的呈灰白色	捻研时感觉有颗粒,但遇水可化开
	锌白类(氧化锌、立德粉、铅白):色白,有刺眼的感觉,颗粒细度在大白粉和石膏粉之间	捻研时有细、涩感觉,用汽油容易擦掉

（3）油漆涂料变质、变态的鉴别　常见的油漆涂料变质现象及鉴别方法见表 1-16。

表 1-16　油漆涂料变质鉴别与处理方法

名称	现象	原因	处理方法
浑浊	多见于清漆或清油,一般情况为轻微浑浊,也有变稠现象,严重的呈白糊浆状	稀释剂选用不当或用量过多,室温过低,相对湿度过大,容器封闭不严,内含水分,铅类催干剂用量过多	轻微浑浊时,可加入松节油、丁醇和苯类环烃溶剂,用隔水加温至 60~65℃,室温控制在 18~25℃,相对湿度在 60%左右
变稠	黏度增高、变稠,严重时为冻胶状	漆料酸性过高与碱性染料反应,成品聚合过度,温度过热、过冷,容器漏气、漏液	室温保持在 18~25℃,将涂料隔水加热,醇酸氨基漆可在溶剂中加入 25%的丁醇
变色	清漆类:变黑红色、红棕色。色漆类:上下颜色不一致,金粉、银粉发黑变乌	清漆类:溶剂水解与铁容器反应;漆中含有酸性树脂。色漆类:颜料褪色,金属颜料变绿,颜料沉淀	采用木桶、瓷质、玻璃、塑料容器盛装;色漆最好是漆料和颜料分装,现用现调,清漆中可加入少许磷酸
沉淀	清漆类:底层沉有各种杂质或不溶性物质,上部漆料完好。色漆类:一般情况下沉淀物搅碎,严重时须研碎	清漆类:漆内有杂质或不溶性物质,铅催干剂在储存中过冷或受潮,溶剂选用不当。色漆类:颜料密度大、颗粒太粗,体质颜料太多	清漆类:过滤除去杂质。色漆类:定期反复倒置,使用时充分搅拌,结块后重新研碎调配或用在不重要部位
容器变形	容器鼓起、膨胀	天热,容器内温度过高,漆内产生气体	打开容器盖放出气体,放置在温度较低处
结皮	打开漆桶,面上有层薄皮,偶尔有小颗粒或全部胶化现象	容器封闭不严,涂料表面与空气接触,催干剂加入过多,储存时间过长	使用前将涂料重新过滤,涂料剩后在漆面上洒上稀释剂。催干剂中配用部分锌、钙催干剂
发胀	干化:呈硬胶状胶凝,粗度增高或结成冻腔。假厚:外表稠厚	氧化物与酸性天然树脂涂料相遇,油料和漆料聚合过度,乳胶漆中有水溶性颜料,颜料中有含盐物质,催干剂用量过多,漆中含颜料过多,尤其是使用氧化锌、锌钡白、炭黑等颜料	一旦干化即无法使用。这类涂料不宜存放过久,经机械搅拌加入少量有机酸可恢复正常,经过搅拌后会恢复原状,停止搅拌后仍呈假厚状,但仍可使用

1.1.5.3　油漆的保管

（1）油漆涂料储存注意事项　油漆涂料大多是缺乏稳定性、易燃的液体物质,受到客观环境的不利影响通常会发生变质、变态甚至起火爆炸。如溶剂遇火会燃烧,铝粉温度过高遇氧容易爆炸,乳胶漆受冻后会报废。因此,对油漆涂料的妥善保管非常重要，储存保管中应注意以下事项。

① 油漆涂料搬运或堆放要轻装、轻卸，保持包装容器的完好和密封，严禁将油桶任意滚扔。

② 油漆涂料不得露天存放，应存放在干燥、阴凉、通风、隔热、无阳光直射、附近无直接火源的库房内。温度宜保持在 5～32℃之间。有些装饰涂料受冻后即失效。

③ 漆桶应放置在木架上，如果必须放在地面时，应垫高 10cm 以上，以利通风。

④ 库房内和近库房处应无火源，并备有必要的消防设备。

⑤ 油漆涂料存放前需分类登记，填上厂名、出厂日期、批号、进库日期，严格按照"先生产先使用"的原则发料，对于多组分油漆涂料必须按原有的规格、数量配套存放，不得弄乱。对易燃、有毒物品应贴有标记和中毒后的解救方法。

⑥ 对于超过储存期限，已有变质变态迹象的油漆涂料应尽快检验，取样试用，检查效果；如无质量问题需尽快使用，以防浪费。

⑦ 对易沉淀的色漆、防锈漆，需每隔一段时间将漆桶倒置一次，对于已配制好的油漆涂料应注明名称、用途、颜色等，以免拿错。

⑧ 不同品种的颜料最好分别存放，与酸碱隔离，避免互相沾染或反应，尤其是炭黑应单独存放。甲醇、乙醇、丙酮类也应单独存放。

（2）常用涂饰材料的贮存与保管　常用涂饰材料的储存保管方法及注意事项见表 1-17。

表 1-17　常用涂饰材料储存保管方法

材料名称	存放方式	注意事项
油性漆 醇酸漆 聚氨酯漆 油性清漆 醇溶性清漆 腻子 沥青	放在架子上，应注明标志。为避免存放时间长而变质，应把新来的材料放在后面	盖子应拧紧，防止挥发和结皮。恒温能使涂料稠度适宜。重容器放在下面以防搬运困难。罐装的颜料、材料应定期倒过来放置，以防沉淀
乳液涂料 乳液清漆 丙烯酸涂料 糊精 多彩漆	放在架子上，应注明标志。新来的材料放在先储存物品的后边，不能受冻	防止冰冻。水性涂料都有存放期限，必须在限期内用完
白垩 干性颜料 熟石膏 胶 膏状粉末 粉末状填充剂	小件放在架子上，大件放在地面垫板上，零散材料放在有盖箱子里	应防止潮湿，注意石膏存放期限，防潮，以防凝结
醇溶性脱漆剂	放在架子上	温度超过 15℃会引起膨胀，以至突然冒出容器，防止明火
砂纸	应保持平整，装在盒内或袋内便于识别	防止过热，以免砂纸变质，防止潮湿，否则会使玻璃相石榴石砂纸的质量降低
玻璃	立着存放在支架上	干燥存放，以防玻璃粘在一起，放在肮脏的地方会使玻璃变脏

续表

材料名称	存 放 方 式	注 意 事 项
苫布	叠好放在台板上	保持洁净、干燥,防止发霉
刷子	悬挂或平放在柜橱里,新刷子不宜打开包装	用除虫剂防止虫蛀,保持干燥以防发霉
滚筒	挂在柜橱里	羔羊毛和马海毛滚筒的保存方法和刷子相同
金属工具和喷枪	悬挂或平放在柜橱里	涂上油脂或用防潮纸包上,防止锈蚀
石蜡 杂酚油	装在有开关的铁桶里放在支架上 装入 5L 或 20L 的带螺丝口的罐里,放在低处	拧紧盖子放在与主建筑物分开的密封场所内
液态气体 压缩气体 石油 纤维素涂料 纤维素稀释剂 氯化橡胶稀释剂 甲基化酒精 聚氯基甲酸酯稀释剂	放在外边应防止冰雪和阳光直射 专用仓库的构造如下 墙:应用砖、石、混凝土或其他防火材料砌筑 屋面:应用易碎材料铺盖以减少爆炸力 门窗:厚度为 50mm,向外开 玻璃:厚度应不小于 6mm 的嵌丝玻璃 地面:混凝土地面,应倾斜,溢出的溶液不应留在容器下 照明开关:为了不引起火花应安在室外	按最易燃烧的液体和液化石油气的使用储存规章存放 注:这些规章只适用于存放 50L 以上的材料,存放材料须得到地方有关检查部门的准许
大漆	盛大漆的容器是一直沿袭的木桶	大漆是一种天然的有机化合物,呈弱酸性,其性能比较活泼,与一般金属会发生反应

1.2 装修涂裱常用工具

1.2.1 基层清理工具

(1) 铲刀　如图 1-40 所示。

规格:刃宽约 25mm、38mm、50mm、68mm。铲刀用于清除灰土、刮铲涂料、铁锈以及调配腻子等。

用法:用其清理灰土前将铲刀磨快,两角磨齐,这样才能把木材面上的灰土清理干净而不伤木质。清理时要顺木纹清理,这样不致因刀快而损伤木材,而且用刀轻重能随时感觉到,以便调整力度,如图 1-41 所示。

要求弹性好,能弯、不折,弯至55°时,仍能恢复原态,刃薄而利

图 1-40　铲刀

清理时,手应拿在铲刀的刀片上,大拇指在一面,四个手指压紧另一面

图 1-41　铲刀使用方法

经验指导：清理墙面上的水泥砂浆块或金属面上较硬的疙瘩时，要满把握紧刀把儿，大拇指紧压刀把顶端，铲刀的刃口要剪成斜口（不超过20℃），用力饿刮。

（2）刻刀（图1-42）

刻刀在涂料的精施工时使用

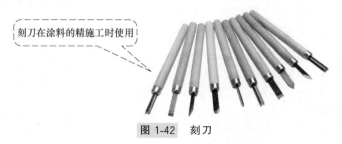

图 1-42   刻刀

经验指导：刻刀长时间使用后必然会出现磨损，感觉下刀费力，有宣纸夹刀之感时，应该用天然石研磨（用水或机油研磨）后继续使用。

（3）斜面刮刀   如图1-43所示。

用来刮除凸凹线脚、檐板或装饰物上的旧漆碎片，一般与涂料清除剂或火焰烧除器配合使用。还可用其将灰浆表面裂缝清理干净

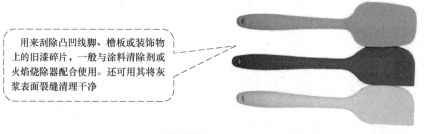

图 1-43   斜面刮刀

（4）刮刀   刮刀是在长把手上安装可替换的刀片，规格为45～80mm。刮刀可以用来清除旧漆及斑渍，如图1-44所示。

（5）剁刀   如图1-45所示，剁刀带有皮革刀把和坚韧、结实的金属刀身。规格为刀片长100～125mm。

（6）锤子   如图1-46所示，锤子规格为重170～230g。

用来清除旧油漆或木材上的斑渍

用来铲除嵌缝中的旧玻璃油灰等

用来与剁刀配合使用，清除大片锈皮；与冲子配合使用，将钉帽钉入涂饰面以内

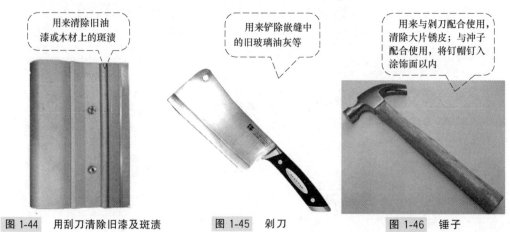

图 1-44   用刮刀清除旧漆及斑渍   图 1-45   剁刀   图 1-46   锤子

(7) 冲子 如图 1-47 所示。冲子规格按端部尺寸分为 2mm、3mm、5mm 几种。

(8) 金属刷 金属刷是指带木柄、装有坚韧的钢丝刷和铜丝刷（图 1-48）。

用来将木材表面的钉帽冲入表面以内，以便涂刮腻子

铜丝刷可用于易燃环境，主要用于清除钢铁部件上的腐蚀物，清扫表面上的松散沉积物

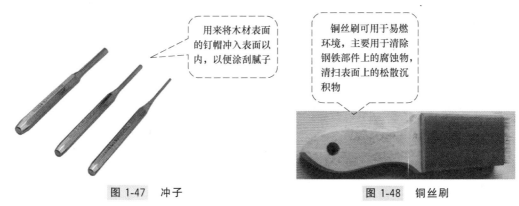

图 1-47 冲子

图 1-48 铜丝刷

（9）掸灰刷 如图 1-49 所示。掸灰刷规格为白色或黑色鬃毛或尼龙纤维。

（10）旋转钢丝刷 如图 1-50 所示。旋转钢丝刷主要安装在电动机或气动机上使用。

用来清扫被涂饰面上的浮尘

用来清除金属面的铁锈或酥松的旧漆膜

图 1-49 掸灰刷

图 1-50 旋转钢丝刷

（11）钢针除锈枪 如图 1-51 所示。

（12）火焰清除器 如图 1-52 所示。

钢针除锈枪适用于一些不便处理的角和凹面，尤其是铁艺制品和石制品的除锈

使用时三人为一组，一人执火焰清除器，将工作面烧热，一人用刷子清除表面的残留物，一人可在金属面仍微热时(手摸不烫，约38℃时)涂刷底漆

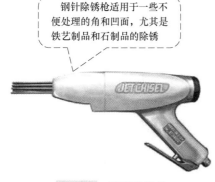

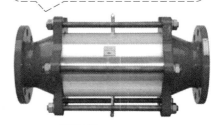

图 1-51 钢针除锈枪

图 1-52 火焰清除器

注意事项：钢针除锈枪工作时需戴防护眼镜；不得在易燃环境中使用，如必须在易燃环境中使用，则应配特制的无火花型钢针。

（13）气炬　如图 1-53 所示。

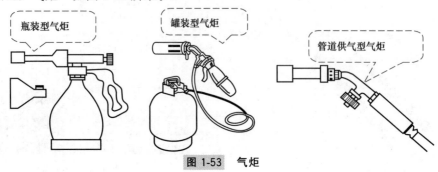

图 1-53　气炬

经验指导：气炬工作原理是以液化石油气、煤气、天然气或丁烷、丙烷为燃烧气源，利用火炬产生的热量使漆膜变软，然后用铲刀或刮刀清除。

注意事项：用法同火焰清除器。施工前应移走家具、设备；工作结束后，应检查木制品表面无冒烟现象。

1.2.2　调、刮腻子工具

（1）腻子刮铲　如图 1-54 所示。

腻子刮铲类似铲刀，但刀片薄而宽，柔韧，不要求锋利，但需平整，不应有缺口

图 1-54　腻子刮铲

经验指导：调配腻子时，应四指握把儿，食指紧压刀片，正反两面交替调拌。刀不要磨得太快，太快可能将腻子板的木质刮起混入腻子内，造成腻子不洁。嵌补孔眼缝隙时，先用刀头嵌满填实，再用铲刀压紧腻子来回收刮。

（2）油灰（腻子）刀　如图 1-55 所示。规格为刀片长度 112mm 或 125mm。

油灰(腻子)刀刀片一边直一边曲，或两边都是曲线形

图 1-55　油灰（腻子）刀

用法： 将腻子填塞进窄缝或小孔中。镶玻璃时，可将腻子刮成斜面。

（3）托板 如图 1-56 所示。

托板是用油浸胶合板、复合胶合板或厚塑料板制成

图 1-56 托板

用法： 调和及承托腻子等各种填充料，在填补大缝隙和孔穴时用它盛砂浆。

（4）刮板 用于大面积、大批量地刮批腻子，以填充找补墙面、地面、顶棚等涂

硬板能压碎和刮掉前层腻子的干渣且耐用，主要用于刮涂头几遍腻子。软刮板用0.5mm薄钢板制成，形状与顺用椴木刮板相同，能把多余的腻子刮下来，而且刮得干净，小刀刃主要用于刮涂平面最后一遍光腻子

椴木刮板用来刮涂较大的平面和圆棱。椴木刮板经过泡制后，其性能与牛角刮板相似，稍有弹性，韧性大，能把硬腻子渣刮碎，长久使用不倒刃，表面光滑而发涩，能带住腻子

(a) 钢刮板

(b) 椴木刮板

用牛角制成，光滑而发涩，能带住腻子，适于找补腻子和刮涂钉眼等

橡胶刮板简称为胶皮或胶皮刮板，用5～8mm厚的胶板制成，厚胶皮刮板既适于刮平又适于收边(刮涂物件的边角称收边)；薄胶皮刮板适于刮圆。橡胶刮板的样式很多

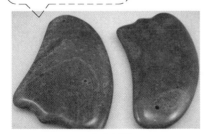

(c) 牛角刮板

(d) 橡胶刮板

图 1-57 刮板

饰表面的蜂窝、麻面、小孔、凹处等缺陷，并平整其表面。刮板常用塑料板（硬聚氯乙烯板）、3230环氧酸酚醛胶布板、厚6mm或8mm的橡胶板或薄钢片自制而成。根据材质不同，分为钢刮板、椴木刮板、牛角刮板和橡胶刮板，如图1-57所示。

1.2.3　涂刷工具

（1）排笔　如图1-58所示。

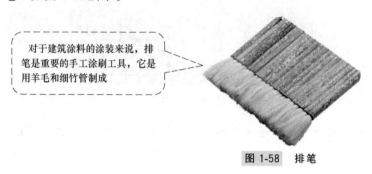

对于建筑涂料的涂装来说，排笔是重要的手工涂刷工具，它是用羊毛和细竹管制成

图 1-58　排笔

> **经验指导**：排笔的使用方法：蘸涂料后，要把排笔在桶边轻轻敲靠两下，使涂料能集中在笔毛头部，让笔毛蓄不住的余料流掉，以免滴洒，然后将握法恢复到蘸浆时的拿法，进行涂刷，如图1-59所示。

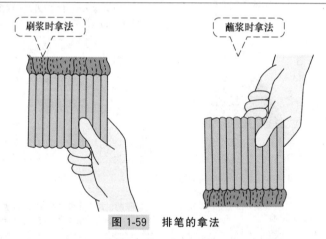

刷浆时拿法　　蘸浆时拿法

图 1-59　排笔的拿法

（2）油刷　油刷是用猪鬃、马鬃、人造纤维等为刷毛，以镀镍铁皮和胶黏剂将其与刷柄（木、塑料）牢固地连接在一起制成，是手工涂刷的主要工具。油刷刷毛的弹性与强度比排笔大，故用于涂刷黏度较大的涂料，如酚醛漆、醇酸漆、酯胶漆、清油、调和漆、厚漆等油性清漆和色漆。

油刷的种类和规格，按刷毛宽度分有0.5in、1in、1.5in、2in、2.5in、3in、3.5in、4in、4.5in、6in❶等；按刷毛种类分有纯猪鬃刷、马鬃刷、合成纤维刷；按刷柄长短形状分有直把刷、弯把刷、长柄刷等；按用途分有12种，具体如下。

---

❶　1in＝25.4mm。

① 平刷或清漆刷（图 1-60）
② 墙刷（图 1-61）

一般用纯鬃或合成纤维制作，刷毛宽度有1in、1.5in、2in、2.5in、3in、3.5in等规格。在门窗表面和边框使用

由鬃、人造纤维混合制作，宽度有3.5in、4in、4.5in、6in等规格。在大面积上涂刷水性涂料或胶黏剂

图 1-60 平刷或清漆刷

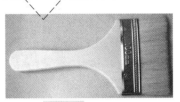

图 1-61 墙刷

③ 板刷（底纹笔）（图 1-62）
④ 清洗刷（图 1-63）

比一般的油刷薄，用白猪鬃或羊毛制作，各规格宽度与一般的油刷类似。羊毛刷与排笔相似，可涂刷硝基清漆、聚氨酯清漆、丙烯酸清漆

图 1-62 板刷

以混合刷毛或天然纤维，并用铜丝捆扎成束状。用于清洗或涂刷碱性涂料

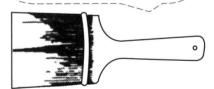

图 1-63 清洗刷

⑤ 剁点刷（图 1-64）
⑥ 掸灰刷（图 1-65）

平板上固定小束鬃毛，毛端成一平面，有直柄和弓形柄两种。有各种尺寸，最常用的为150mm×100mm。可用于涂刷面漆后，用它来拍打成有纹理的花样面

刷毛为白色或黑色纯鬃或人造纤维，一般用尼龙制作。用于在涂饰前清扫表面灰尘或脏污

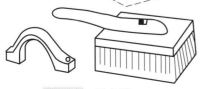

图 1-64 剁点刷

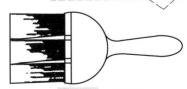

图 1-65 掸灰刷

⑦ 修饰刷（图 1-66）

⑧ 漏花刷（图 1-67）

用镀镍铁皮将刷毛固定成扁形或圆形束。扁形的宽度为5～28mm，圆形的直径为3～20mm。有八种尺寸。用于涂刷细小的不易刷到的工作面

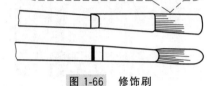

图 1-66　修饰刷

刷毛为短而硬的黑色鬃毛。用于在雕刻的漏花印板上涂刷涂料，达到装饰效果或印字

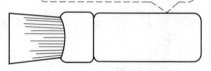

图 1-67　漏花刷

⑨ 画线刷（图 1-68）

⑩ 长柄刷（图 1-69）

用金属箍将鬃毛固定成扁平状，并切成一定的斜角。宽度为6mm、12mm、18mm、25mm、31mm、37mm，与直尺配合用于画线

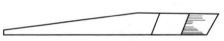

图 1-68　画线刷

将刷子固定在长铁棍上，长铁棍可弯曲，以便伸到工作面上。宽度有1in、1.5in、2in几种。用于铁管或散热器的靠墙一面

图 1-69　长柄刷

⑪ 弯头刷（图 1-70）

⑫ 压力送料刷（图 1-71）

用镀镍铁皮将刷毛固定成圆形或扁形，刷柄弯成一定的角度，用它涂刷不易涂刷到的部位。扁形的宽度为9mm、12mm、15mm；圆形的直径为18～31mm。用途与长柄刷相似

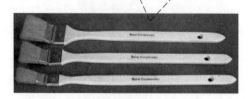

图 1-70　弯头刷

刷子固定在软管上，涂料从容量5～10L的压力罐里通过软管送到刷子上。涂料流量是通过刷子上的气压控制阀来调整的

图 1-71　压力送料刷

注意事项：使用新刷时，要先把灰尘拍掉，并在 $1\frac{1}{2}$ 号木砂纸上磨刷几遍，将不牢固的鬃毛擦掉，并将刷毛磨顺磨齐。这样，涂刷时不易留下刷纹和掉毛。蘸油时不能把刷毛全部蘸满，一般只蘸到刷毛的 $\frac{2}{3}$。蘸油后，要在油桶内边轻轻地把油刷两边各拍一两下，目的是把蘸起的涂料拍到鬃毛的头部，以免涂刷时涂料滴洒。在窗扇、门框等狭长物件上刷油时，要用油刷的侧面上油，上满后再用油刷的大面刷匀理直。涂刷不同的涂料时，不可同用一把刷子，以免影响色调。使用过久的刷毛变得短而厚时，可用刀削其两面，使其变薄，还可再用。

图 1-72 所示为刷子的使用方法。

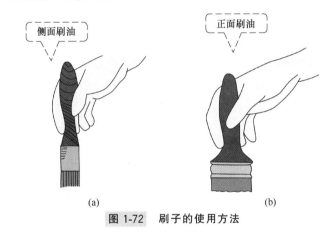

图 1-72　刷子的使用方法

1.2.4　美工油漆工具

（1）缩放尺　如图 1-73 所示。

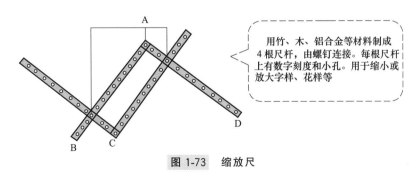

用竹、木、铝合金等材料制成 4 根尺杆，由螺钉连接。每根尺杆上有数字刻度和小孔。用于缩小或放大字样、花样等

图 1-73　缩放尺

A—元宝螺钉；B—螺钉固定；C—插尖头竹笔孔；D—插铅笔孔

使用方法：操作时，将 B 点用螺钉固定在板上，C 点孔中插尖头竹笔，下面放原字样，D 点孔中插铅笔，其下放一张白纸。通过调节 A 位的元宝螺钉的插孔位置，使 BC 和 CD 的距离之比符合原字样放大的倍数。如需将字样放大 2 倍，即 CB：CD=1：2，然后将尖头竹笔沿着字样的边沿移动，插入 D 点的铅笔即在白纸上随之

移动,从而将原字样按比例地描画在白纸上。

如需缩小字样,则将尖头竹笔和铅笔互换位置即可。如将 D 点插入竹笔,下置字样,C 点插入铅笔,下置白纸。按上法操作,即可得到缩小字样。

(2) 弧形画线板　如图 1-74 所示。

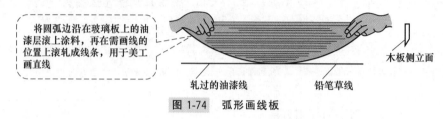

将圆弧边沿在玻璃板上的油漆层滚上涂料,再在需画线的位置上滚轧成线条,用于美工画直线

木板侧立面

轧过的油漆线　　铅笔草线

图 1-74　弧形画线板

注意事项:木板的圆弧面为坡口,坡口的宽度视所要求的线条宽度而定。

(3) 漏板　如图 1-75 所示。花纹字样从板上挖空制成的漏板为空心漏板。将花纹、字样之外的部分从板上挖去的为实心漏板。

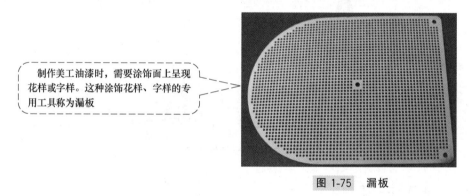

制作美工油漆时,需要涂饰面上呈现花样或字样。这种涂饰花样、字样的专用工具称为漏板

图 1-75　漏板

根据漏板用材不同,可分为金属漏板、硬纸漏板、丝绢漏板、丝棉漏板,详见表 1-18。

表 1-18　漏板按材料的分类

种类	适用范围	说明
金属漏板	大批量反复喷涂的花样和字样	用铁皮、铜皮等金属制成。特点:经久耐用
硬纸漏板	批量不太大的花样字样的使用	用厚硬纸制作。特点:制作较为方便,耐久性较金属漏板差
丝绢漏板	—	用丝绢和纸制作的漏板。特点:依靠丝绢把花或字的每一笔画连在一起,由于油漆透过丝绢能够自然流平,成为完整的笔画,所以丝绢漏板可以制成细花小字漏板
丝棉漏板	—	丝棉漏板是喷涂假大理石花纹的专用工具。由于丝棉对工件遮盖不均,与工件距离不等,所以能喷出过渡颜色,呈现大理石样的花纹

(4) 画线尺　画线尺为一平直的薄木板,两端用小木垫垫起。与画线笔配合画线使用时,不会因毛细管吸附作用而使涂料漫洇出来。薄板画线边为斜坡边,尺背为把手,便于把握。

1.2.5 裱糊用具

（1）裁割用具　裁割工具的种类及特点见表1-19。

（2）裱糊工具　裱糊工具的种类及特点见表1-20。

表 1-19　裁割工具的种类及特点

种类	图　示	特　点	使　用
活动裁纸刀		刀片可伸缩，并有多节，用钝后可截去，携带方便，使用安全，根据刀片的长度、宽度及厚度分为大、中、小号	与钢尺或刮板配合使用，要一刀到底，中途不得偏移角度或用力不均。保持刀片的清洁锋利，钝后截去，顶出下一节使用。它适用于裁割及修整壁纸
长刃剪刀		长刃剪刀外形与理发剪刀十分相似，长度为250mm、275mm或300mm左右，适宜剪裁浸湿了的壁纸或重型的纤维衬、布衬的乙烯基壁纸及开关孔的掏孔等	裁剪时先用直尺划出印痕或用剪刀背沿踢脚板、顶棚的边缘划出印痕，将壁纸沿印痕折叠起来裁剪
轮刀		轮刀分齿形轮刀和刃形轮刀两种	使用齿形轮刀可在壁纸上滚压出连串小孔，即能沿孔线很容易地均匀撕断；刃形轮刀通过滚压将壁纸直接断开，对于质地较脆的壁纸墙布裁割最为适宜。可代替活动裁纸刀用于裁割壁纸，尤其适于修整圆形凸出物周围的壁纸和边角轮廓；也适宜裁割金属箔类脆薄壁纸
修整刀		修整刀有直角形或圆形的，刀片可更换	主要用于修整、裁切边角和圆形障碍物周围多余的壁纸
油灰铲刀		—	油灰铲刀可用于修补基层表面裂缝、孔洞及剥除旧裱糊面上的壁纸墙布等
刮板		刮板可用富有弹性的钢片制成，也可用有机玻璃或硬塑料板切成梯形，尺寸可视操作方便而定，一般下边宽度10cm左右	刮板主要用于刮、抹、压等工序，刮板在裱贴时，用得很频繁，基本上不离手，除了上面提到的作用外，有时也当作直尺使用，进行小面积的裁割
直尺		直尺可用红白松木制成，比较好的是铝合金直尺。它具有强度高、质量轻、不易变形及不易破损等优点。目前所使用的铝合金直尺，实际上是一个小断面的薄壁方管，也有的使用铝合金窗料。尺的长度可长可短，操作方便即可	裁剪时先用直尺划出印痕或用剪刀背沿踢脚板、顶棚的边缘划出印痕，将壁纸沿印痕折叠起来裁剪

表 1-20　裱糊工具的种类及特点

种类	图示	特点	使用
壁纸刷		壁纸刷用黑色或白色鬃毛制成，安装在塑料或橡胶柄上，主要用于刷平、刷实定位后的壁纸	使用壁纸刷由壁纸中心部位向两边赶刷。用后用肥皂水或清水洗净晾干，以避免沾在刷毛上的胶黏剂沾污壁纸
裱糊台		裱糊台是可折叠的坚固木制台面	主要用于壁纸裁切、涂胶、测量。用后应保持台面、台边清洁、光滑
浆糊辊筒		浆糊辊筒是指裹有防水绒毛的涂料辊筒，适用于代替浆糊刷滚涂胶黏剂、底胶和壁纸保护剂	用它滚涂与使用浆糊刷相同，要遮挡不需胶液的部位。滚涂工作台上的壁纸背面时，在滚完后将壁纸对叠，以防胶液过快干燥
压缝辊和阴缝辊		压缝辊和阴缝辊用硬木、塑料、硬橡胶等材料制成，适用于滚压壁纸接缝，其中阴缝辊专用于阴缝部位壁纸压缝，防止翘边，不适用于绒絮面、金属箔、浮雕壁纸	一般是裱糊后 10～30min，待胶黏剂干燥至不呈水状时再行滚压。应沿接缝由上而下或由下而上短距离快速滚压。用后保持清洁和轴承润滑，滚动灵活
压缝海绵		压缝海绵是普通海绵块，适用于金属箔、绒面、浮雕型或脆弱型壁纸的压缝	待壁纸稍干后，用手指和湿海绵将接缝压在一起。按压完毕后检查壁纸表面，擦去渗出的胶液

（3）裁割玻璃常用工具

① 工作台（图 1-76）

② 玻璃刀（图 1-77）

工作台一般用木料制作，台面尺寸大小根据需要而定。裁割大块玻璃时要垫软的绒布，其厚度要求在 3mm 以上

玻璃刀又称金刚钻。2号玻璃刀适用于裁割2～3mm 的玻璃，3号玻璃刀适用于2～4mm 的玻璃，4号玻璃刀适用于3～6mm 的玻璃，5号、6号玻璃刀适用于4～8mm 的玻璃，可根据玻璃厚度选用

图 1-76　工作台

图 1-77　玻璃刀

③ 直尺（图 1-78）
④ 角尺（图 1-79）

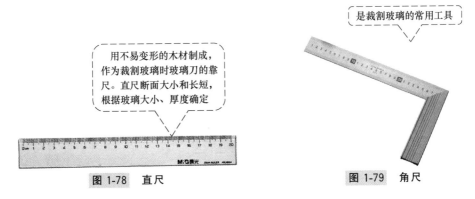

用不易变形的木材制成，作为裁割玻璃时玻璃刀的靠尺。直尺断面大小和长短，根据玻璃大小、厚度确定

是裁割玻璃的常用工具

图 1-78　直尺

图 1-79　角尺

⑤ 铁钳（图 1-80）

铁钳用于扳脱玻璃边口裁下的狭条

图 1-80　铁钳

1.2.6　玻璃裁装工具

（1）玻璃加工工具　除了在裱糊用具中介绍的玻璃裁割工具外，还有以下工具。
① 毛笔（图 1-81）
② 圆规刀（图 1-82）

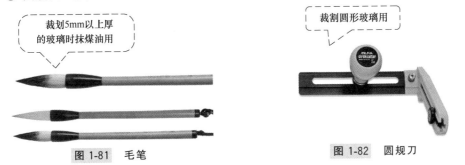

裁划5mm以上厚的玻璃时抹煤油用

裁割圆形玻璃用

图 1-81　毛笔

图 1-82　圆规刀

③ 手动玻璃钻孔器（图 1-83）
④ 电动玻璃开槽机（图 1-84）
（2）玻璃安装工具
① 腻子刀（图 1-85）
② 挑腻子刀（图 1-86）

在玻璃上钻孔用

图 1-83　手动玻璃钻孔器

用于玻璃开槽

图 1-84　电动玻璃开槽机

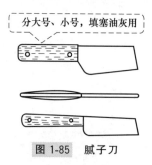

分大号、小号，填塞油灰用

图 1-85　腻子刀

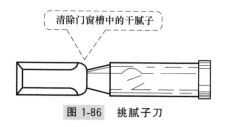

清除门窗槽中的干腻子

图 1-86　挑腻子刀

③ 油灰锤（图 1-87）

④ 装修施工锤（图 1-88）

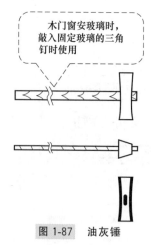

木门窗安玻璃时，敲入固定玻璃的三角钉时使用

图 1-87　油灰锤

锤头用合成橡胶、木质、硬塑料制成。用于铝合金门窗玻璃安装时，组装和分解部件用

图 1-88　装修施工锤

⑤ 嵌缝枪（图 1-89）

⑥ 嵌锁条器（图 1-90）

⑦ 剪钳（图 1-91）

⑧ 嵌条滚子（图 1-92）

嵌缝枪也称密封枪，将嵌缝材料(玻璃胶)装入枪管中，进行玻璃嵌缝作业

图 1-89　嵌缝枪

塞入橡胶嵌条入槽时用

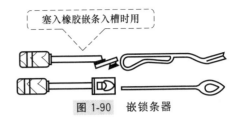

图 1-90　嵌锁条器

切断嵌条时用

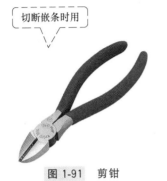

图 1-91　剪钳

嵌入橡胶嵌条时

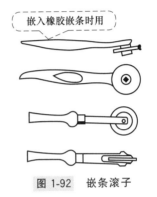

图 1-92　嵌条滚子

⑨ 螺丝刀 （图 1-93）

⑩ 吸盘 （图 1-94）

一字形、十字形、手动式、电动式多种，用于拧螺钉

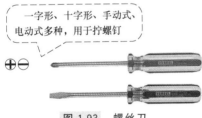

图 1-93　螺丝刀

有大型、小型、单式、复式多种类型，用于大型平板玻璃的安装就位

图 1-94　吸盘

⑪ 大型玻璃施工机械 （图 1-95）

在叉车、起重机、提升机上联动使用吸盘。用于玻璃幕墙等大规模玻璃安装工程

图 1-95　大型玻璃施工机械

1.2.7 其他工具

（1）滚涂工具　滚涂主要工具见图1-96和图1-97。

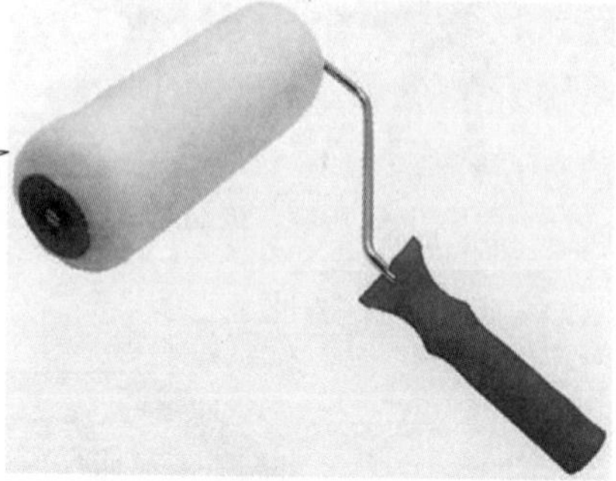

滚涂工效比刷涂高，工具比喷涂简单，因而得到广泛使用。其主要工具是辊筒和与之配合使用的涂料底盘和辊网

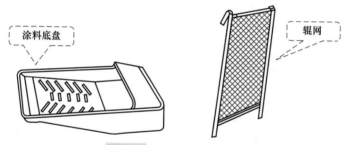

图1-96　主辊

经验指导： 毛辊的使用方法：用毛辊滚涂时，需配套的辅助工具——涂料底盘和辊网。操作时，先将涂料放入底盘，用手握住毛辊手柄，把辊筒的一半浸入涂料中，然后在底盘上滚动几下，使涂料均匀吃进辊筒，并在辊网上滚动均匀后，即可滚涂。

涂料底盘

辊网

图1-97　涂料底盘和辊网

（2）喷涂工具　喷枪为喷涂的主要工具，如图1-98所示。

喷枪的种类很多，按混合方式可分为内混式和外混式两种；按涂料供给方式可分为吸上式、重力式和压送式喷枪

图1-98　喷枪

（3）研磨工具

① 砂纸与砂布。将天然或人造的磨料用胶黏剂黏结在纸或布上。天然的磨料有

刚玉、石榴石、石英、火燧石、浮石、硅藻土、白垩等。人造的磨料有人造刚玉、人造金刚砂、玻璃及各种金属碳化物。

按照磨光表面的性质，采用不同型号的砂纸和砂布，而型号则按磨料的粒度来划分。木砂纸是代号越大，磨料越粗；水砂纸则相反。

② 圆盘打磨机（图 1-99）

以电动机或空气压缩机带动柔性橡胶或合成材料制成的磨头，在磨头上可固定各种型号的砂纸

图 1-99　圆盘打磨机

经验指导：先将磨头安装好，上紧螺母。一手握好手柄，一手掌握好打磨机。打开开关，端稳，对准打磨面，缓缓接触。打磨时要戴防护眼镜。在打磨时或关上开关磨头未停止转动前，不得放手，以免机器在惯性和离心力作用下抛出伤人。风动打磨机应严格控制其回转速度，平砂轮线速度一般为 38～50m/s，钢丝轮转速为 1200～2800r/min，布轮线速度不应超过 35m/s。

③ 环行往复打磨机（图 1-100）。其用途为对木材、金属、塑料或涂漆的表面进行处理和磨光。

环行往复打磨机，用电或压缩空气带动，由一个矩形柔韧的平底座组成，在底座上可安装各种砂纸

图 1-100　环行往复打磨机

经验指导：打磨时底座的表面以一定的距离往复循环运动，运动的频率因型号不同而异，一般为 6000～20000 次/min。来回推动的速度越快，其加工的表面就越光。环行往复打磨机的重量较轻，长时间使用不致使人感到疲劳。这种打磨机的工作效率虽然低，但容易掌握。经过加工后的表面比用圆盘打磨机加工的表面细。

④ 皮带打磨机（图 1-101）。其用途为打磨大面积的木材表面；打磨金属表面的一般锈蚀物。

⑤ 打磨块（图 1-102）。其用途为固定砂纸，使砂纸保持平面，便于研磨。

（4）擦涂工具　擦涂工具包括涂漆、上色、擦光这些用手工操作完成的工具。常

皮带打磨机，机体上装一整卷的带状砂纸，砂纸保持着平面打磨运动，它的效率比环行往复打磨机高

打磨块用木块、软木、毡块或橡胶制成，打磨面约为70mm宽、100mm长

图 1-101   皮带打磨机   图 1-102   打磨块

用的工具有涂料擦（图 1-103）、纱包、软细布、头发、刨花、磨料等。

①涂料擦。有矩形涂料擦和手套形涂料擦。

矩形尺寸大的约150mm×100mm，小的如牙刷大小，是在带手柄的矩形泡沫垫上固定短绒的马海毛、尼龙纤维或泡沫橡胶面。适用于擦涂顶棚、墙面、地板或黏结平坦基层的壁纸及木材面的染色擦涂

手套形涂料擦，用羊皮制作，内衬防渗透的塑料衬，用于一般的涂饰方法不易涂到的部位，如铁栏杆、散热器或水管的背面。蘸乳胶漆、底漆和面漆擦涂，左、右手均可使用

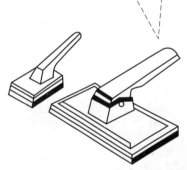

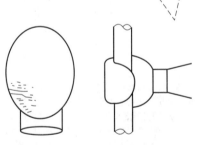

图 1-103   涂料擦

②纱包。纱包是用纱布包裹脱脂棉制成的。把纱布叠成 3～4 层边长为 100mm 的方形，包上脱脂棉后，用软布条将上口扎紧，使布条下形成一个弹性如肌肉、大小如黄杏、不露脱脂棉、不露布边的小圆包，这个小圆包即称纱包。由于使用纱包经常需要把它打开抖动一下再重新包扎，比较麻烦，所以常用口罩代替纱包。

纱包适用于修饰涂膜，擦涂油漆，使用溶剂把涂膜赶光，以及用砂蜡退光和抛光。

③软细布。对于软细布，只要是软的干净不掉色且能蕴含水分就适用。软细布的用途除与纱包类似外，还适用于木器着色和套色擦边。大绒布更适于涂膜的最后抛光。

④头发。头发富有弹性，具有油分，又比鬃毛细软，适用于涂膜的最后抛光。

手工抛光时，要把头发扎成一束，以免头发乱飞。机动轮抛光时，可用较短的头发制作刷轮，方便使用。

⑤ 刨花（图 1-104）和塑料丝（图 1-105）。这两种材料适用于木器涂清漆着色，当木器在着色后未实干之前，将刨花或塑料丝顺着木纹擦，可减少硬木丝上的着色量，使木纹显得更为清晰、美观。

手刨刨下的薄木花和车床车下的细塑料丝松软而锋利。把薄木花用水浸泡抻直再干燥，可得较直的刨花

把细塑料丝在加热下抻直再冷却，可得较直的细塑料丝

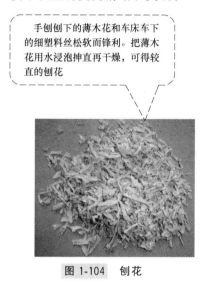

图 1-104　刨花

图 1-105　塑料丝

⑥ 磨料。磨料主要用于油漆涂膜表面，它不仅能使涂膜更加平整光滑、提高装饰效果，还能对涂膜起到一定的保护作用。常用的抛光材料有砂蜡和上光蜡。

砂蜡是专供抛光时使用的辅助材料，是由细度高、硬度小的磨料粉与油脂蜡或胶黏剂混合而成的浅灰色膏状物。

上光蜡是溶解于松节油中的膏状物，有乳白色的汽车蜡和黄褐色的地板蜡两种，主要用于漆膜表面的最后抛光。

2
装修涂裱基层处理及配料

2.1 装修涂漆前的基层处理

2.1.1 木制品的基层处理

木材是广泛使用的建筑工程材料之一。涂饰后的木制品，不仅延长了使用寿命，而且可使其表面更加美观。涂料装饰对木制品的基本要求是表面清洁、平滑、无刨绺、疤节少、棱角整齐，采用清漆涂饰时还要求花纹美观、颜色一致。此外，木材本身的干燥程度应符合涂料施工要求。

一般木制品表面都需要通过清理—打磨—漂白三个步骤。

（1）清理　如图2-1所示。

用铲刀和毛刷清除木材表面黏附的砂浆、灰尘

图2-1　清理

注意事项：如粘有沥青，用铲刀铲去后还要点虫胶清漆，防止以后咬透漆膜使油漆变色或不干；对于渗出的树脂，可用有机溶剂酒精、丙酮、甲苯等擦洗，也可用热的电烙铁铲除，并再涂刷一层虫胶清漆封闭其表面，以防树脂再度渗出。除去保护物件所用的护角木条、斜撑等并拔掉钉子。

（2）打磨　如图2-2所示。

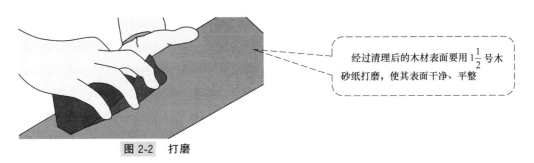

经过清理后的木材表面要用$1\frac{1}{2}$号木砂纸打磨，使其表面干净、平整

图 2-2　打磨

注意事项：对于木窗框和木窗扇，由于安装时间先后不一，框扇的干净程度不一样，所以还要用 1 号砂纸磨去框上的污斑，使木材尽量恢复原来的颜色。为便于涂刷，各种棱角要打磨平滑。木材表面的刨痕，可用砂纸包木块打磨，如有硬刺、木丝、绒毛等不易打磨时，可待刷完一道底油后再打磨。

（3）漂白　如图 2-3 所示。

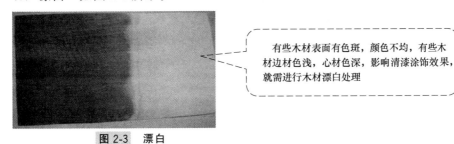

有些木材表面有色斑，颜色不均，有些木材边材色浅，心材色深，影响清漆涂饰效果，就需进行木材漂白处理

图 2-3　漂白

经验指导：一种方法是用浓度 30％的双氧水（过氧化氢）100g，掺入 25％浓度的氨水 10～20g、水 100g 稀释的混合液，均匀地涂刷在木材表面，经 2～3d 后，木材表面就被均匀漂白。这种方法对柚木、水曲柳的漂白效果很好。木材漂白的另一种方法是：配制 5％的碳酸钾：碳酸钠＝1∶1 的水溶液 1L，并加入 50g 漂白粉，用此溶液涂刷木材表面，待漂白后用肥皂水或稀盐酸溶液清洗被漂白的表面。此法既能漂白又能去脂。

常见的木材及处理方案见表 2-1。

表 2-1　常见的木材及处理方案

材料名称	处理方法	材料名称	处理方法
槐木	须刮腻子	山毛榉	适宜涂饰清漆，非透明涂料不适宜
桤木	适宜做染色处理	桦木	清漆和非透明涂料都适宜
白杨木	适宜涂饰非透明涂料	杉木	清漆和非透明涂料都适宜
美国椴木	适宜涂饰非透明涂料	樱桃木	适宜涂饰透明涂料
栗木	需刮腻子，不适宜涂饰非透明涂料	榆木	需刮腻子，不适宜刷非透明涂料
三角叶杨木	适宜涂饰非透明涂料	冷杉木	不适宜涂饰非透明涂层
柏木	适宜涂刷透明及非透明涂料	枫木	适宜涂饰透明涂层
铁杉	特别适宜涂饰非透明涂料	松木	适宜涂饰非透明涂层
胡桃木	须刮腻子	柚木	需刮腻子
桃花心木	须刮腻子	核桃木	需刮腻子
橡木	须刮腻子	红杉木	适宜涂饰非透明涂层

2.1.2 金属面的基层处理

（1）钢铁基层的表面处理 钢铁基层的表面处理详见表2-2。

表2-2 钢铁基层的表面处理

方法	特　点	适用范围
机械和手工清理	效率低，但设备简单，不受施工条件和工件形状的限制。常用于批量小、形状不规则的金属制品表面除锈和作为其他除锈方法的补充	主要用于铸件、锻件、钢铁表面清除浮锈，以及易剥落的氧化皮、型砂、旧漆层
喷丸、喷砂	该法用于除去锻皮、铸皮，可提高金属表面的抗疲劳强度。小工件用喷丸，大面积工件用抛丸。薄壁及较脆弱的工件不宜采用	适合于清除厚度不小于1mm的制件或不要求保持精确尺寸及轮廓的中、大型制品以及铸、锻件上的氧化皮、铁锈、型砂、旧漆膜，当使用环境十分恶劣、对基层处理要求严格时采用，如受水浸泡的部位、海洋环境、工业污染区等
火焰喷射	用火炬加热金属表面使氧化质失水干燥、变松散易于清除	适用在具有一定侵蚀性的环境中，主要用于厚度不小于5mm的大面积设施，如桥梁结构、储槽及重型设备，去除氧化皮、铁锈、旧漆层、油脂等污物
碱液除油	对于尺寸大、形状复杂的工件，可配碱液刷、擦去油	这种浸渍除油法适合于有一定数量的中小型工件，并有浸渍槽、加热设备
溶剂除油	除油能力强，不易着火，比较安全，缺点是成本高、有毒	—
涂刷底漆	在除油、除锈等表层清理完成后，特别是用火焰清除的情况下，应立即涂刷底漆	—

（2）有色金属基层表面处理 有色金属在建筑工程中运用的有铜、铝、锌、铬及其合金和镀层。

处理的目的是去除油脂、脏物、残留焊渣、不均匀的氧化膜，或过于光滑的表面。

① 铝及铝合金。用细砂布加松节油轻轻打磨表面，再用浸有松节油或松香水的抹布擦去油脂和污渍，然后用清水彻底漂洗，干燥后涂刷底漆。不得用碱性洗涤剂清洗表面，否则会使表面受到侵蚀。

② 镀锌面。先刷洗表面的非油性污渍，然后用含非离子型清洗剂的清水漂洗。用离子型清洗剂和皂类清洗后的遗留物会影响涂层的黏附。再用松香水或松节油等溶剂擦涂表面的油脂。

用钢丝刷或砂布除锈。当使用环境恶劣或需要长期保护时，表面可采用轻微的喷砂处理。

③ 铜及铜合金。先用松香水或松节油去除油污，再用细砂纸磨糙或涂一层磷化底漆。注意打磨后要用松香水擦净表面的铜粉，以免酸性干性油或清漆料会溶解铜粉，造成污染。

2.1.3 其他物体表面的基层处理

（1）水泥基层的处理方法 外墙涂料一般直接涂装在水泥基层上，主要是为了增加涂料与基层的黏结强度。外墙涂装建筑涂料时，水泥抹灰层要抹光，待抹灰层表面稍微干燥一些后，用毛刷蘸水刷毛。墙面上的孔洞要修补平整，当孔洞过大时，要分次修补，以防止由于干缩而影响墙面的平整。

（2）石灰基层的处理方法

① 泛碱物的处理：用正磷酸溶液（密度为 1.7kg/L，将 150mL 酸液加水至 1L）刷洗表面并搁置 10min，然后用清水冲洗、干燥。对清除质量有怀疑时，可涂刷小面积做试验，涂料干后贴上压敏胶带，然后撕下，检查是否有涂料被带下来。

② 裂缝的修补：裂缝宽度在 3mm 左右时，可直接修补，不必将裂缝加宽。当裂缝宽度在 6mm 以上或孔洞直径在 25mm 以上时，修补前应先将裂缝切成倒 "V" 字形，以利修补材料的黏附。修补前先用水将裂缝润湿，然后用水泥：砂：石灰＝1.5：7：0.1 的砂浆修补裂缝（小缝可直接用石膏修补）。修补面要低于表面 1mm，砂浆干后再用半水石膏将表面修补平整。

③ 玻璃纤维和加气石膏基层：要注意对表面残留的隔离剂、孔隙及其他碱性物质的处理，表面不易被水润湿，说明有油性隔离剂，它有助于霉菌的生长，可用松香水擦除。碱性物质可用石蕊试纸检查，用磷酸处理。

（3）砖石灰基层的处理方法

① 确定基层所含水分已干燥。

② 用硬毛刷或钢丝刷刷除表面的灰浆、泛碱物及其他松散物质；对油脂等不易刷除物，应用含洗涤剂的温水刷洗，然后再用清水漂洗。

③ 表面光泽过高时，需打磨将其变糙，并将孔洞裂缝修补好，涂刷耐碱底漆，要刷透、刷匀，不产生遗漏，特别是砖缝处。

（4）混凝土基层的处理方法

① 混凝土表面气孔及缝隙的处理：混凝土表面的气孔宜挑破并填平，否则空气会拱破跑出，毁坏涂层。手工和机械打磨对消除气孔比较费工，且效果也不理想，一般需采用喷砂处理。混凝土表面的孔隙及挑破的气孔要填平，室外和潮湿环境要用水泥或有机黏结剂的腻子填充，室内干燥环境可使用普通的石膏或聚合物腻子。对粉化或多孔隙表面，为黏附住松散物质和封闭住表面，可先涂刷一层耐碱的渗透性底漆，如稀释的乳胶漆。为减少收缩沉陷，腻子中体质颜料的比例可稍大于黏结剂。

② 清除表面油污（模板隔离剂等）及其他脏物：可用洗涤剂擦洗基层，或用溶剂清洗一遍再用洗涤剂擦洗，或用质量分数为 5％～10％ 的火碱水清洗，然后用清水洗净。

③ 清除水泥浮浆、泛碱物及其他松散物质：可用钢丝刷刷除或用毛刷清除，对泛碱、析盐的基层可用 3％ 的草酸溶液清洗，然后用清水洗净。对泛碱严重或水泥浮浆多的部位可用质量分数为 5％～10％ 的盐酸溶液刷洗，但酸液在表面存留的时间不宜超过 5min，必须用清水彻底清洗。泛碱和析盐清洗后应注意观察数日，如再出现析盐和泛碱，应重复进行清洗，并推迟涂刷涂料，直至泛碱物消失为止。

④ 消除表面光滑的方法：混凝土或水泥砂浆表面过于光滑，不利于涂料的渗透和附着，须进行消除。消除的方法可用酸蚀、喷砂、钢丝刷刷毛或自然风化，或在表面涂一层 3％ 氯化锌和 2％ 磷酸的混合液，或涂一层 4％ 聚乙烯醇溶液，或 20％ 的乳

液均可增加基层和涂层的附着力。

⑤ 其他情况处理：当施工条件不允许基层长时间搁置、风化时，可用磷酸和氯化锌组成的溶液刷洗中和。当使用油基涂料时，也可用硫酸锌溶液刷洗。如果有的涂料与这些刷洗液不相容，可选用乳胶涂料。对需提高防雨水渗透性的部位或多孔隙型基层，可用有机硅憎水剂进行表面处理。

（5）石棉水泥板基层的处理方法　石棉水泥底材的吸收性依其质量和产品类型变化很大，高质量的坚硬、吸收性差，防火型的孔隙多、吸收性强，这类基层大都是强碱性的，由于是高压形成的，质地坚硬，碳化或中和比石灰和水泥砂浆面要慢，但其处理程序比混凝土、水泥基层要简单、省力，只要表面干燥、平整、光滑、洁净即可涂刷。

① 用硬毛刷或砂纸除去表面泛碱物或松散物质。

② 确认底材彻底干燥后即可涂刷耐碱底漆和油性涂料底漆。

③ 如有潮湿入侵的可能，安装前要在板材背面及边缘涂刷防潮涂料。如使用沥青涂料应注意避免沾污正面。渗透性强的稀薄涂料亦要慎重使用，以防渗透到正面。

④ 石棉水泥板板缝要用腻子，分2～3遍填实填平，并待完全干燥固化后用粗砂纸磨平，然后涂刷耐碱底漆或油性涂料底漆。

（6）塑料基层的处理方法

① 塑料制品在涂装前必须清除制造过程中附有的塑模润滑剂、灰尘污物以及带有的静电，一般可在涂装前用煤油或肥皂水进行清洗。

② 塑料制品表面光滑，对漆的附着力极不牢固，有必要进行一定的处理，使其表面粗糙，以增加漆膜的附着力。坚硬光滑的热固型塑料可用喷砂处理，或用砂纸打磨。软质与硬质聚氯乙烯塑料的处理方法一般可在三氯乙烯溶剂中浸渍数秒钟，去除塑料表面游离的增塑剂，然后取出轻擦，干燥后能使其表面有一定的粗糙度。某些耐有机溶剂较差的热塑性塑料可用肥皂水、清洗剂、去污粉等进行摩擦处理。对聚乙烯、聚丙烯等塑料还可以采用强氧化剂对塑料表面进行轻微的腐蚀，以获得表面的粗糙度。

③ 为了增强漆膜对塑料的附着力，对某些塑料在施工前，可先喷上一种含有强溶解性的溶剂（如丙酮、醋酸丁酯的水乳蚀液）来软化表面，在溶剂未完全挥发之前将漆涂饰好。

（7）纤维材料基层的处理方法

① 皮革、织物、纸张等都是具有纤维结构的材料。纤维材料的涂装用途很广，在电气工业中可用于浸渍漆包线、电机绕组和导线，在轻工业部门可用于皮革、漆布和纸张的涂染等。涂装前的皮革应具有良好的渗透性，表面要粗糙而无光泽。为了使皮革的油脂、污物彻底除净以使毛孔充分暴露，可用水和丙酮的混合液或其他亲水溶剂进行脱脂。该脱脂剂的配方为：200mL醋酸乙酯与醋酸甲酯，50mL的氨水，250mL丙酮，50mL乳酸与1000mL水，将其组成混合液。利用这种混合液擦拭皮革，就可以达到皮革脱脂、增加漆膜附着力的效果。必须注意的是，从擦拭完毕算起，要在30～60min内做好涂料打底，不然会影响涂装质量。

② 纤维材料具有多孔性的特点，在这些材料上涂漆、漆膜的附着力是由浸透的

深度来决定的，即很大程度上取决于纤维材料对涂料的浸透性和纤维的拉力。如果涂装前对表面处理不好，漆膜就很容易从表面脱落。

（8）玻璃基层的处理方法

① 玻璃制品表面特别光滑，如果不彻底处理，则涂装涂料后，会造成附着力差，甚至有流痕、剥落等现象，因此，玻璃制品在涂装施工前，需进行必要的表面处理。

② 玻璃的基层处理包括两个方面。首先是进行清除粉尘、油污、汗迹及水分等的预备处理，可用丙酮或清洗剂等有机溶剂进行洗涤处理。清理后一定要用清水进行冲洗。其次，是要使玻璃制品表面具有一定的粗糙度，使漆膜牢固地附着于玻璃表面，一般可采用手工方法或化学方法进行处理。手工方法是用棉球蘸研磨剂在玻璃表面上反复、均匀地涂拭。化学方法是用 40% 的氢氟酸与水按 2∶8（体积比）比例混合，将玻璃制品在常温下浸蚀 5min，然后用大量的水清洗后，即可进行涂饰。

2.1.4　旧漆层的处理

（1）刷洗法　主要用于胶质涂料涂层。用水刷洗涂层后，涂刷耐酸底漆或用封闭涂料封闭处理残存涂料。

（2）烧除法　是清除旧涂层的最快方法，主要用于木质基层上的油漆涂层。但一定要注意安全。

（3）脱漆剂清除　软化涂层后用铲刀清除，用于不宜烧除的部位。

① 溶剂型

a. 极易烧型，如丙酮，加蜡可降低蒸发速度，并变稠。

b. 易燃烧型，如氯化碳氢化合物，加甲基纤维素，可降低蒸发速度并变稠。

c. 不易损伤基层，易损伤油刷，可除掉大多数空气干燥性的涂层。

② 强碱型。成本低，不易燃，用浸泡方法，特别有效。但是对油色金属有害，特别是铝。

（4）机械打磨　多数涂层都可用打磨器清除。操作时为了防止伤害，应该佩戴呼吸罩。

2.2　装修油漆涂料的调配

2.2.1　油漆涂料的基本调配

（1）准备工作　准备好各种工具及红、黄、蓝、白、黑 5 种基本颜色（用红、黄、蓝、白、黑这 5 种基本颜色，可以调配出各种颜色）。

（2）三原色的调配（图 2-4）　红、黄、蓝三种为三原色，三原色两种颜色混合就可以得到间色。

（3）施工现场的调配　在施工现场调配颜色（图 2-5）时，主要凭实践经验，同时按颜色色板进行试配。配色时用量大、着色力小的颜色为主色；着色力强、用量小的颜色为次色、副色。例如调配草绿色，黄色是主色，中黄是次色，蓝色是副色。

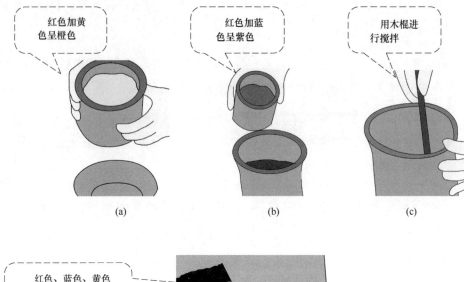

图 2-4　三原色的调配

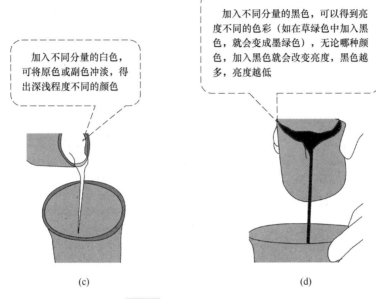

(c)   (d)

图 2-5 施工现场调配颜色

注意事项：千万不能颠倒顺序，将主色放入次色、副色中去。

（4）稀释（图 2-6） 稀释剂的分量不得超过涂料质量的 20%，超过就会降低涂抹性能。在使用各种涂料时，必须选择相配套的稀释剂，否则涂料就会发生沉淀、析出、失光和施涂困难等质量事故。

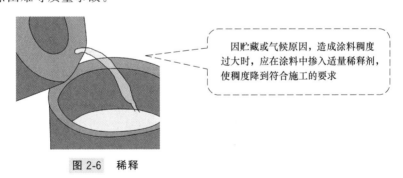

图 2-6 稀释

2.2.2 用于木材面上的着色剂的调配

用于木材表面的着色剂主要有水色、酒色和油色。

（1）水色的调配

① 水色调配的准备工作（图 2-7）

② 水色的调配步骤（图 2-8）

（2）酒色的调配

① 酒色调配的准备工作（图 2-9）

原料主要用氧化铁颜料，如氧化铁黄、氧化铁红等，附加的料还有皮胶水

图 2-7　水色调配的准备工作

调色时，将颜料用开水泡开

达到全部溶解的程度

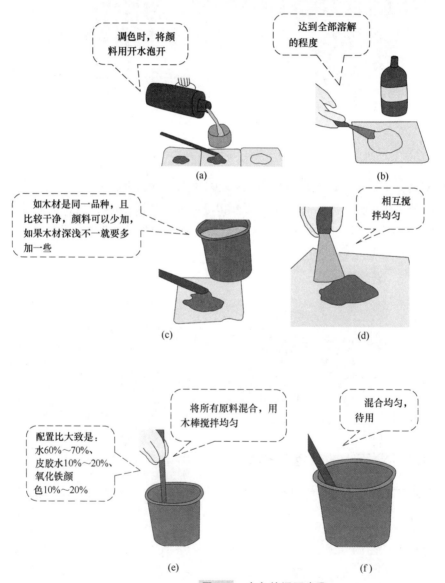

(a)

(b)

如木材是同一品种，且比较干净，颜料可以少加，如果木材深浅不一就要多加一些

相互搅拌均匀

(c)

(d)

配置比大致是：水60%～70%、皮胶水10%～20%、氧化铁颜色10%～20%

将所有原料混合，用木棒搅拌均匀

混合均匀，待用

(e)

(f)

图 2-8　水色的调配步骤

② 酒色的调配步骤（图 2-10）

主要原料有酒精、漆片和颜料、碱性颜料和醇溶性染料

调配时，先溶漆片，酒精与漆片的比例为1:(0.1~0.2)，然后加入适量的颜料搅拌均匀

图 2-9 酒色调配的准备工作

图 2-10 酒色的调配

注意事项：酒色的配合比要按照样板的色泽灵活掌握，最好调配得淡一些，免得施涂的颜色深了。

（3）油色的调配

① 准备工作。选用的颜料是氧化铁红、铁黄等，用料还有铅油、清漆、精油、松香水等。

② 调配步骤（图 2-11）

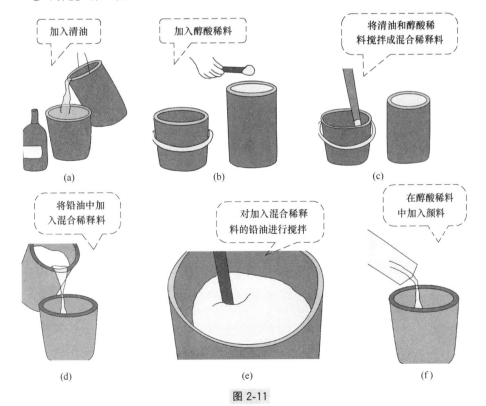

加入清油

加入醇酸稀料

将清油和醇酸稀料搅拌成混合稀释料

(a)

(b)

(c)

将铅油中加入混合稀释料

对加入混合稀释料的铅油进行搅拌

在醇酸稀料中加入颜料

(d)

(e)

(f)

图 2-11

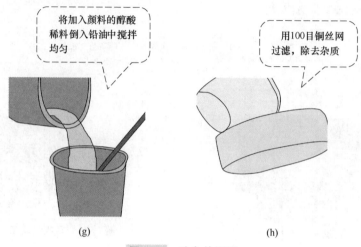

(g)   (h)

将加入颜料的醇酸稀料倒入铅油中搅拌均匀

用100目铜丝网过滤，除去杂质

图 2-11 油色的调配

③ 油色的用途（图 2-12）

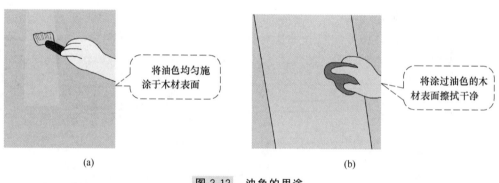

(a)   (b)

将油色均匀施涂于木材表面

将涂过油色的木材表面擦拭干净

图 2-12 油色的用途

注意事项：油色施涂于木材表面以后，既能显露木纹，又能使木材底色一致。

3

装修涂裱施工工艺

3.1 内墙面及顶棚涂饰

（1）操作步骤 内墙面及顶棚涂饰步骤如下所示。

墙面的防开裂处理 → 涂抹界面剂 → 找阴阳角垂直度
↓
砂纸打磨 ← 批腻子 ← 找石膏线
↓
涂抹底漆 → 涂抹面漆(两遍)

（2）内墙面及顶棚涂饰工艺

① 墙面的防开裂处理（图3-1~图3-3）

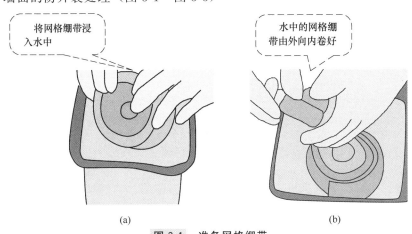

将网格绷带浸
入水中

水中的网格绷
带由外向内卷好

(a)   (b)

图3-1 准备网格绷带

经验指导：为了防止墙面开槽接缝等处开裂，常在接缝处粘贴一层50mm宽的
网格绷带或牛皮纸袋，需要时也可用两层，第二层的宽度为100mm。

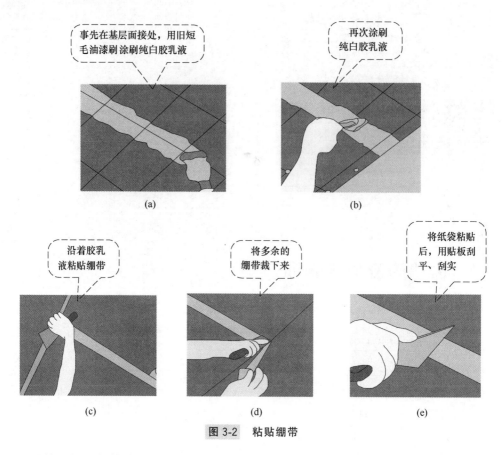

事先在基层面接处，用旧短毛油漆刷 涂刷纯白胶乳液

再次涂刷纯白胶乳液

(a)　　　　　　　　　　(b)

沿着胶乳液粘贴绷带

将多余的绷带裁下来

将纸袋粘贴后，用贴板刮平、刮实

(c)　　　　　　(d)　　　　　　(e)

图 3-2　粘贴绷带

另外，如遇轻体墙为保温墙基层缝多等情况，要做全面的防开裂处理。

② 涂抹界面剂（图 3-4）

③ 找阴阳角垂直度（图 3-5）。一般情况下，墙角都不是很垂直，需要用弹线的方法，检验它的垂直度。

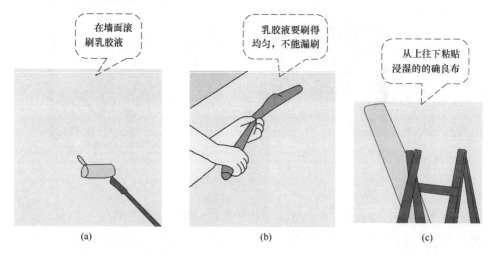

在墙面滚刷乳胶液

乳胶液要刷得均匀，不能漏刷

从上往下粘贴浸湿的的确良布

(a)　　　　　　　　　(b)　　　　　　　　(c)

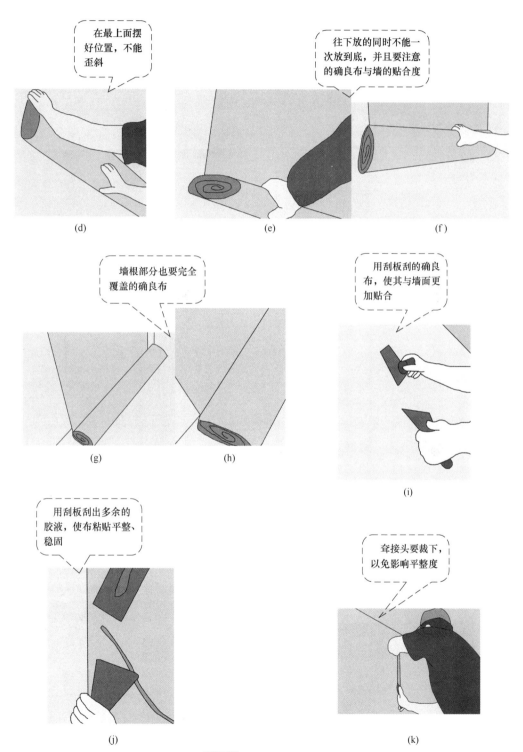

图 3-3　粘贴的确良布

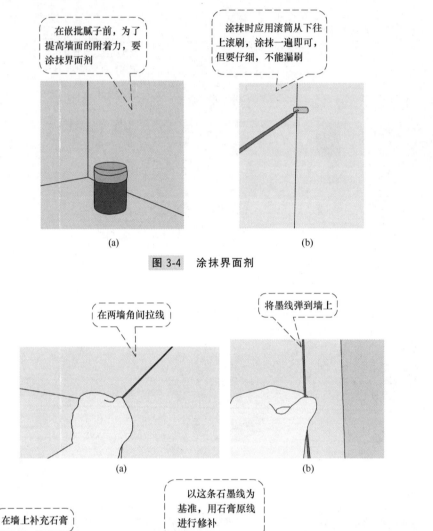

在嵌批腻子前，为了提高墙面的附着力，要涂抹界面剂

涂抹时应用滚筒从下往上滚刷，涂抹一遍即可，但要仔细，不能漏刷

(a)　　　　　　　　(b)

图 3-4　涂抹界面剂

在两墙角间拉线

将墨线弹到墙上

(a)　　　　　　　　(b)

在墙上补充石膏

以这条石墨线为基准，用石膏原线进行修补

修补后的效果

(c)　　　　　(d)　　　　　(e)

图 3-5　找阴阳角垂直度

阳角垂直的处理方法如图 3-6 所示。

④ 找石膏线

a. 首先根据石膏线的宽度进行弹线、定位，如图 3-7 所示。

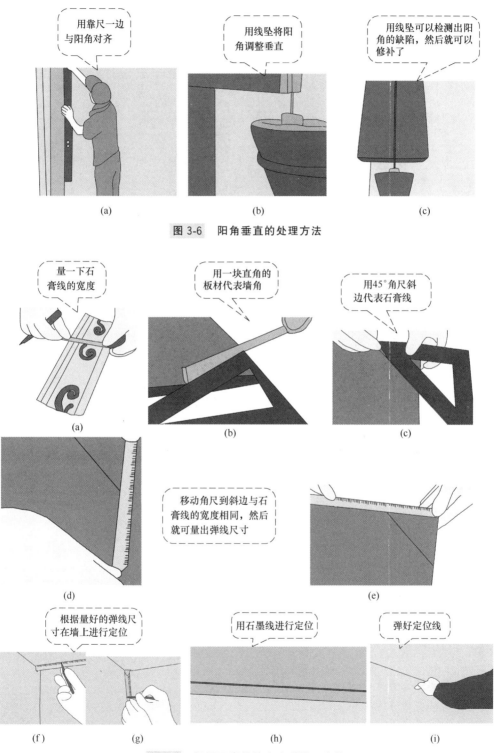

图 3-6　阳角垂直的处理方法

图 3-7　根据石膏线的宽度弹线、定位

b. 接下来开始下料（图 3-8）。

经验指导：一般石膏线的端头都不太规矩，要适当地裁掉一些。

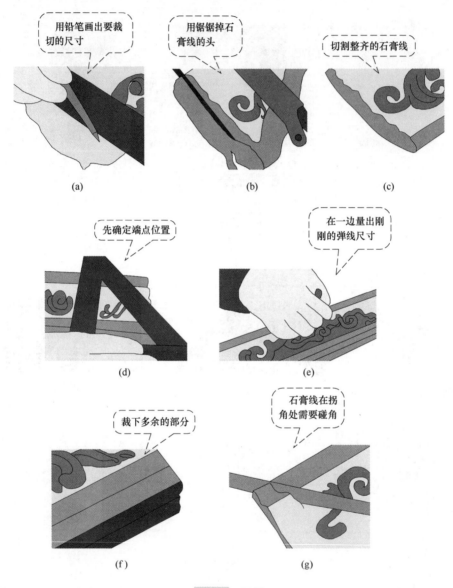

图 3-8　下料

注意事项：石膏线并不是以 45°进行剪裁碰角。

c. 贴石膏线（图 3-9）。

注意事项：贴石膏线需要用快粘粉，它黏结的速度比较快，所以要一次用多少就和多少，以免浪费。

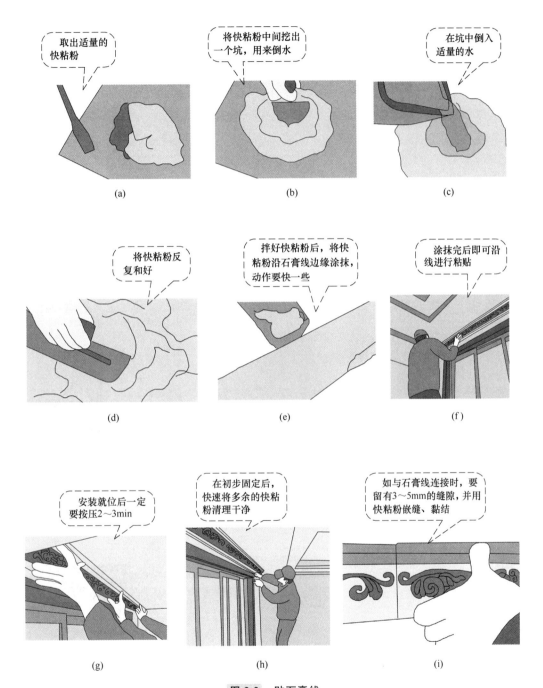

图 3-9 贴石膏线

⑤ 批腻子

a. 嵌补腻子（图 3-10）

b. 批刮腻子（图 3-11～图 3-14）

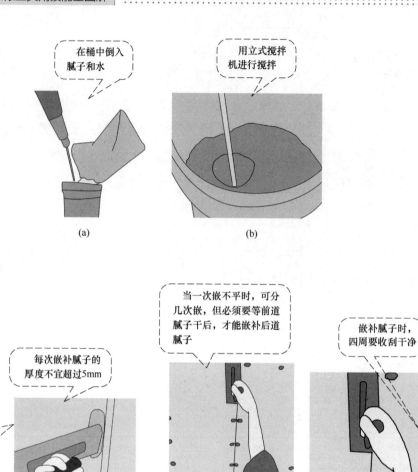

图 3-10　嵌补腻子

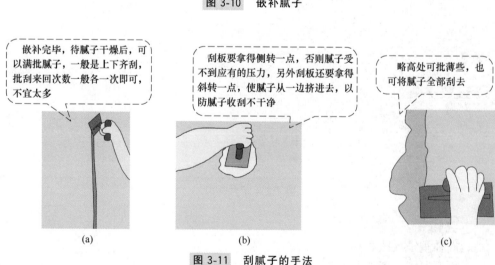

图 3-11　刮腻子的手法

经验指导：要求刮得平整、四角方正、横平竖直，阴阳线角竖直，与其他物面连接处整齐、清洁。应注意墙面的高低平整和阴阳角的整齐，略低处应刮厚些，但每次的厚度不超过 2mm，一次批不平，可分多次批。

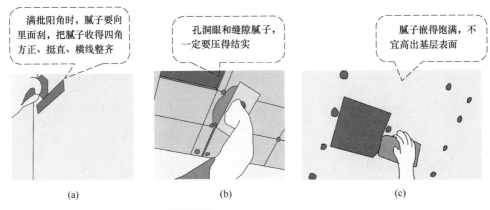

图 3-12　刮阳角和孔洞眼等处

注意事项：腻子一般是满批两遍，不宜多批，否则会影响腻子的附着力。待第一遍腻子干透后，可用 1 号木砂纸或铁砂布进行打磨。

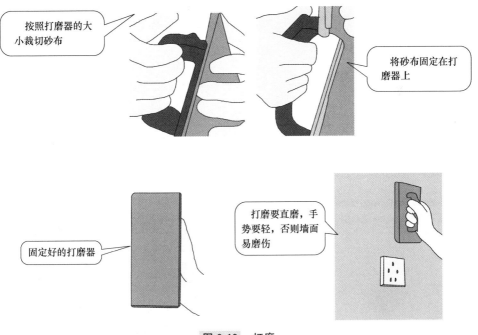

图 3-13　打磨

经验指导：把高和较粗糙的地方打磨平整，打磨最后一道腻子时必须要细致，最好用半新旧的 1 号木砂纸或铁砂布。

图 3-14　弹扫干净

⑥ 涂抹底漆（图 3-15）

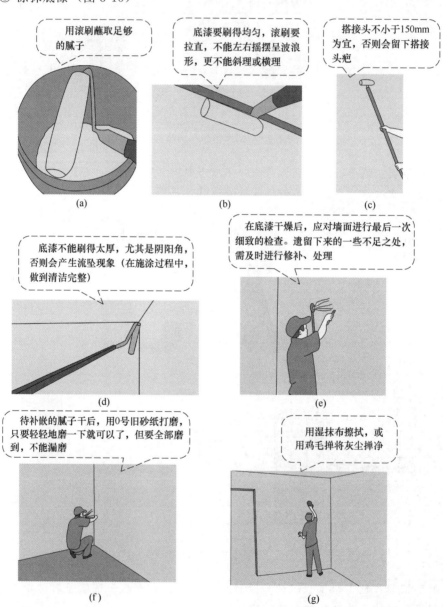

图 3-15　涂抹底漆

注意事项：如不施涂这遍打底漆，而直接把面漆做上去，就难以将面漆施涂均匀，同时还可以节省材料（底漆稀稠要一致，施涂时，不能漏刷）。

⑦ 涂抹面漆（两遍）（图 3-16）

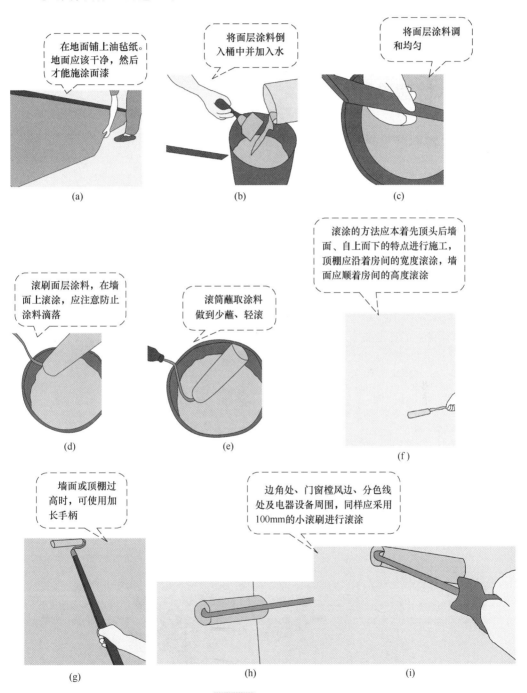

图 3-16　涂抹面漆

经验指导：①墙面滚涂，滚筒要从下往上再从上往下呈M形滚动。搭接头不小于100mm为宜，避免留下搭接头疤。当滚筒已经比较干燥时，再将刚涂滚过的表面轻轻理下，以达到涂层薄厚一致的效果。

②顶棚的滚涂方法与墙面的滚涂方法基本一致，面层涂料施涂两遍为宜。每遍不能施涂得太厚或太薄，厚了会产生流淌和皱皮，薄了会露底。在施涂过程中做到清洁、完整。

3.2 木材面涂饰

3.2.1 木器刷漆工艺

（1）操作步骤 木器刷漆工艺操作步骤如下。

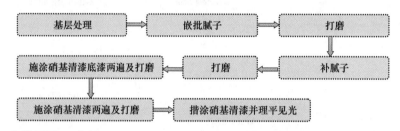

（2）木器刷漆工艺

① 木器刷漆工具准备（图3-17）

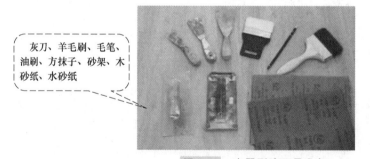

灰刀、羊毛刷、毛笔、油刷、方抹子、砂架、木砂纸、水砂纸

图 3-17 木器刷漆工具准备

② 基层处理（图3-18）

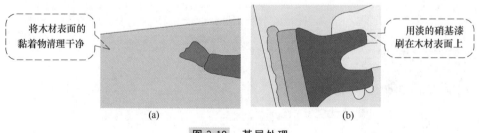

将木材表面的黏着物清理干净

用淡的硝基漆刷在木材表面上

(a)　　　　(b)

图 3-18 基层处理

经验指导：这样做一方面可以防止加工过程中表面被污染后难以清除；另一方面，清漆干燥后，使木毛绒竖起，变脆，以易于打磨。

③ 嵌批腻子（图 3-19）

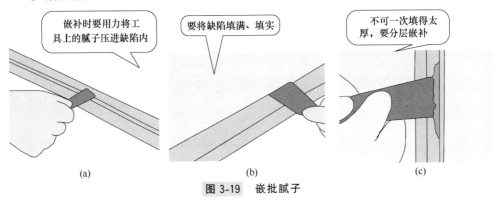

嵌补时要用力将工具上的腻子压进缺陷内

要将缺陷填满、填实

不可一次得太厚，要分层嵌补

(a)　　　　　　(b)　　　　　　(c)

图 3-19　嵌批腻子

经验指导：嵌批腻子的目的是将被涂饰基层表面的局部缺陷和较大的洞眼、裂缝、坑凹不平处填平、填实，达到平整、光滑的要求。操作时手腕要灵活。

④ 打磨（图 3-20）

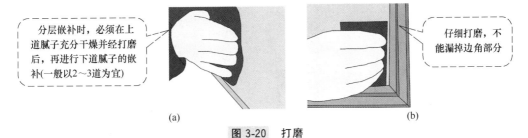

分层嵌补时，必须在上道腻子充分干燥并经打磨后，再进行下道腻子的嵌补(一般以2～3道为宜)

仔细打磨，不能漏掉边角部分

(a)　　　　　　(b)

图 3-20　打磨

⑤ 补腻子（图 3-21）

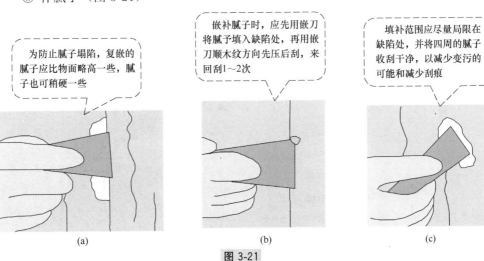

为防止腻子塌陷，复嵌的腻子应比物面略高一些，腻子也可稍硬一些

嵌补腻子时，应先用嵌刀将腻子填入缺陷处，再用嵌刀顺木纹方向先压后刮，来回刮1～2次

填补范围应尽量局限在缺陷处，并将四周的腻子收刮干净，以减少变污的可能和减少刮痕

(a)　　　　　　(b)　　　　　　(c)

图 3-21

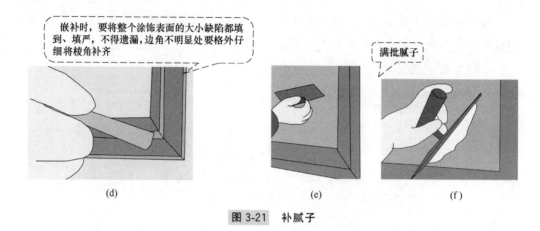

嵌补时，要将整个涂饰表面的大小缺陷都填到、填严，不得遗漏，边角不明显处要格外仔细将棱角补齐

满批腻子

(d)　　　　　　　(e)　　　　　　　(f)

图 3-21　补腻子

> **经验指导**：满批腻子的目的是填补木材的松眼，腻子的稀稠可根据木材表面的光滑程度调制。

⑥ 打磨（图 3-22）

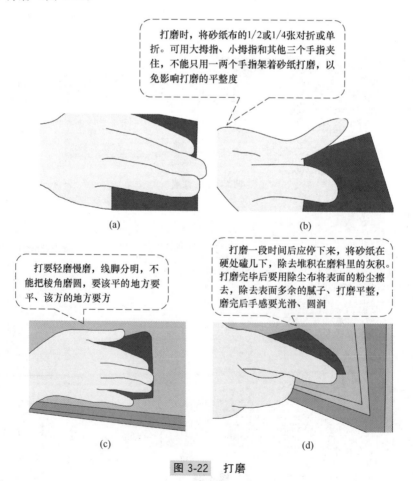

打磨时，将砂纸布的1/2或1/4张对折或单折。可用大拇指、小拇指和其他三个手指夹住，不能只用一两个手指架着砂纸打磨，以免影响打磨的平整度

(a)　　　　　　　(b)

打要轻磨慢磨，线脚分明，不能把棱角磨圆，要该平的地方要平、该方的地方要方

打磨一段时间后应停下来，将砂纸在硬处磕几下，除去堆积在磨料里的灰积。打磨完毕后要用除尘布将表面的粉尘擦去，除去表面多余的腻子、打磨平整、磨完后手感要光滑、圆润

(c)　　　　　　　(d)

图 3-22　打磨

注意事项： 打磨必须在基层或涂膜干后操作，以免磨料钻进基层或涂膜内而达不到打磨的效果。

⑦ 施涂硝基清漆底漆两遍及打磨（图 3-23～图 3-25）

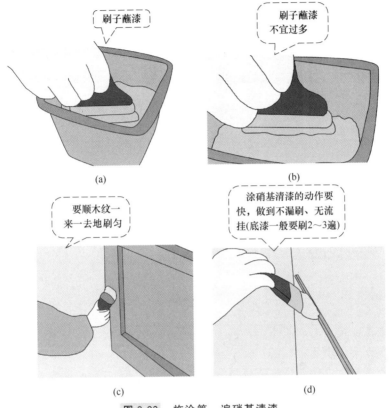

图 3-23　施涂第一遍硝基清漆

a. 补腻子。第一遍清漆施涂干后，要检查是否有砂眼及洞缝，如果有则用腻子复补，干后用 0 号砂纸打磨，弹扫干净，如图 3-24 所示。

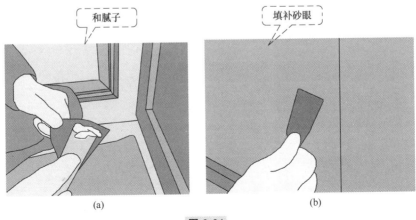

图 3-24

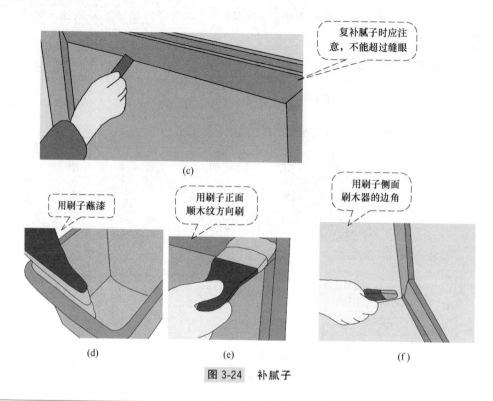

图 3-24   补腻子

经验指导：用羊毛刷蘸漆后，依次施涂，同时还要掌握漆的稠度。因为稠度大则刷涂的劲力大，容易揭底层。由于稀释剂挥发快，施涂时操作要迅速，并做到施涂均匀，无漏刷、流挂、过棱等缺陷，也不能刷出高低不平的波浪形（面漆一般要刷 2~3 遍）。

注意事项：施涂时要注意硝基清漆和漆料的渗透力很强，在一个地方多次重复回刷，容易把底层涂膜泡软而揭起，所以施涂时要待下层硝基清漆干透后进行。

b. 打磨（图 3-25）

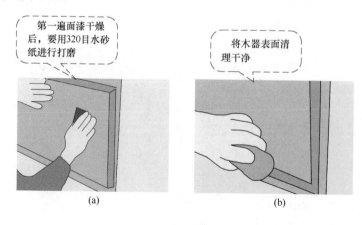

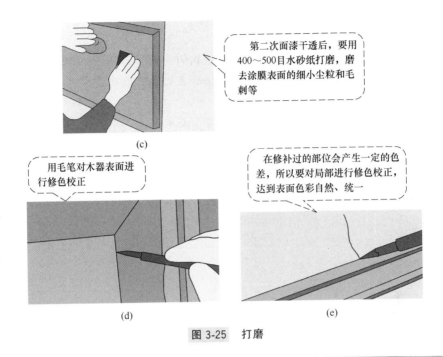

图 3-25　打磨

经验指导：每遍硝基清漆施涂的干燥时间，常温时 30～60min 能全部干燥。

⑧ 揩涂硝基清漆并理平见光（图 3-26）。刷涂第三遍面漆时，要比第一遍稀一些。顺木纹方向理顺至理平见光。

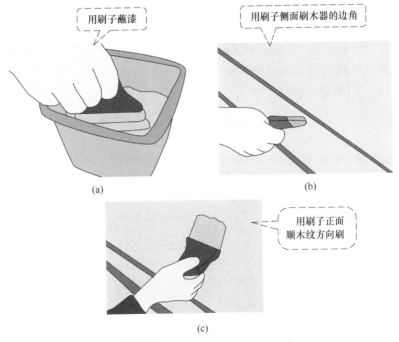

图 3-26　揩涂硝基清漆并理平见光

3.2.2 木器喷漆工艺

喷漆施工的优点是：涂膜光滑平整、厚薄均匀一致、装饰性极好，在质量上是任何施涂方法都不能比拟的，适用于不同的基层和各种形状的物面，特别是大面积或大批量施涂，喷漆可大大提高功效。

喷漆施工不足之处是：浪费一部分材料，一次不能喷得太厚，而需要多次喷涂，溶剂随气流飘散，造成环境污染。其施工步骤如下。

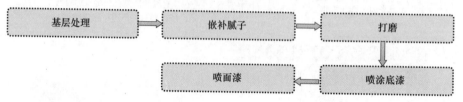

（1）基层处理　如图 3-27 所示。

嵌涂腻子前要对木器表面的粉尘、污物进行清理，特别是把预留缝中的污物清扫干净，以免影响腻子的附着力

图 3-27　基层处理

（2）嵌补腻子　如图 3-28 所示。

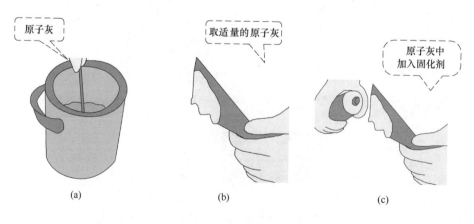

原子灰

取适量的原子灰

原子灰中加入固化剂

(a)　　　　　　　　　　(b)　　　　　　　　　　(c)

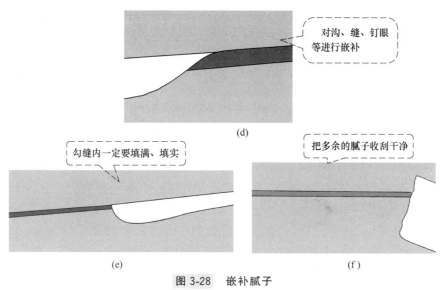

图 3-28　嵌补腻子

> **经验指导**：调和漆嵌补所使用的腻子，是用原子灰添加固化剂调制而成的。它具有黏结性好、防开裂等特点，使用时要尽量将原子灰与固化剂混合均匀。

（3）打磨　如图 3-29 所示。

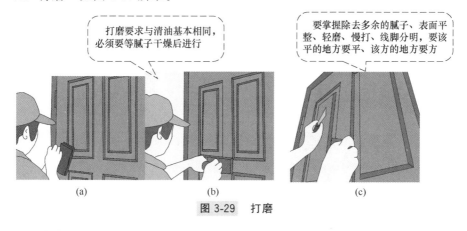

图 3-29　打磨

（4）喷涂底漆　如图 3-30 和图 3-31 所示。

图 3-30

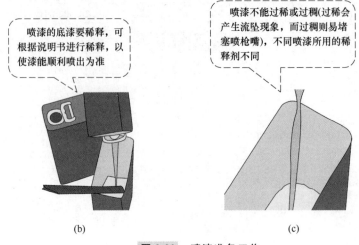

喷漆的底漆要稀释，可根据说明书进行稀释，以使漆能顺利喷出为准

喷漆不能过稀或过稠(过稀会产生流坠现象，而过稠则易堵塞喷枪嘴)，不同喷漆所用的稀释剂不同

(b)　　　　　　　(c)

图 3-30　喷漆准备工作

注意事项：要防止在喷漆时堵塞喷嘴，否则会造成涂层粗糙不平，影响涂膜的平整和光亮度，还浪费人工和材料，影响下道工序的顺利进行。

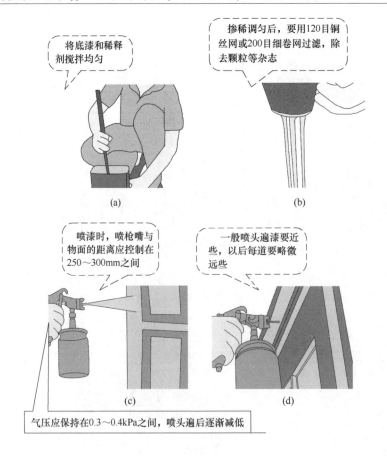

将底漆和稀释剂搅拌均匀

掺稀调匀后，要用120目铜丝网或200目细卷网过滤，除去颗粒等杂志

(a)　　　　　　　(b)

喷漆时，喷枪嘴与物面的距离应控制在250～300mm之间

一般喷头遍漆要近些，以后每道要略微远些

气压应保持在0.3～0.4kPa之间，喷头遍后逐渐减低

(c)　　　　　　　(d)

图 3-31 喷涂底漆

（5）喷面漆 如图 3-32 所示。

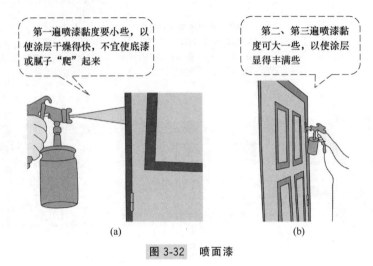

第一遍喷漆黏度要小些，以使涂层干燥得快，不宜使底漆或腻子"爬"起来

第二、第三遍喷漆黏度可大一些，以使涂层显得丰满些

(a)　　　　　　　　　　(b)

图 3-32　喷面漆

> **经验指导**：面漆要喷 2～3 遍，要由薄逐渐喷厚，面漆在使用时同底漆一样，也要稀释。

> **注意事项**：第二、第三遍喷漆时，喷涂距离应近一些，否则，在油漆涂料未达到物面时，溶剂将会挥发，使涂层粗糙不平、疏松多孔、没有光泽（每一遍喷漆干燥后，都要用 320 目水砂纸打磨平整，并清洗干净。最后还要用 400～500 目水砂纸进行打磨，使漆面光滑平整，无挡手感）。

3.3　硝基清漆（蜡克）理平见光工艺

硝基清漆（蜡克）理平见光工艺操作流程如下所示。

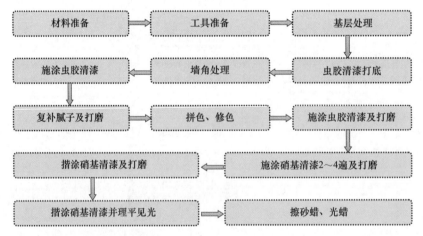

材料准备 → 工具准备 → 基层处理

施涂虫胶清漆 ← 墙角处理 ← 虫胶清漆打底

复补腻子及打磨 → 拼色、修色 → 施涂虫胶清漆及打磨

揩涂硝基清漆及打磨 ← 施涂硝基清漆2～4遍及打磨

揩涂硝基清漆并理平见光 → 擦砂蜡、光蜡

（1）材料准备　如图 3-33 所示。

（2）工具准备　工具应备有砂纸、油漆刷、排笔、小提桶、油灰刀和棉纱头等。

（3）基层处理　如图 3-34 和图 3-35 所示。

材料要备好硝基清漆，老粉，氧化铁系红、黄、黑和哈巴粉，漆片，硝基漆料，双氧水，氨水等

图 3-33　材料准备

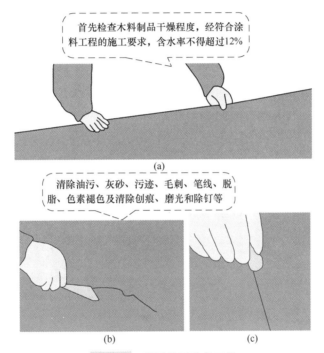

首先检查木料制品干燥程度，经符合涂料工程的施工要求，含水率不得超过12%

(a)

清除油污、灰砂、污迹、毛刺、笔线、脱脂、色素褪色及清除刨痕、磨光和除钉等

(b)　　　　　　　　　(c)

图 3-34　基层处理准备工作

如果表面颜色深浅不一致，应使用双氧水和氨水配成的溶液进行色素褪色处理。

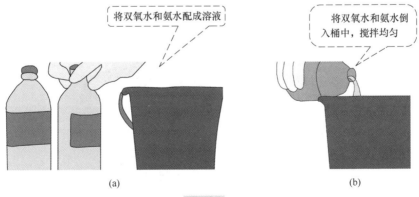

将双氧水和氨水配成溶液

将双氧水和氨水倒入桶中，搅拌均匀

(a)　　　　　　　　　(b)

图 3-35

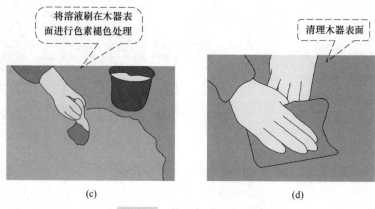

图 3-35　基层色素褪色处理

（4）虫胶清漆打底　如图 3-36 所示。

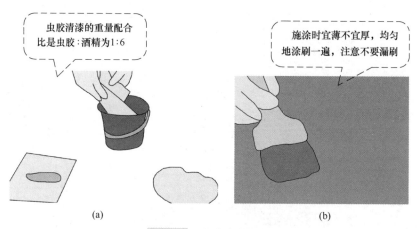

图 3-36　虫胶清漆打底

（5）墙角处理　如图 3-37 所示。

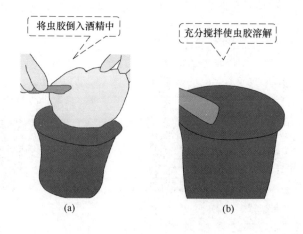

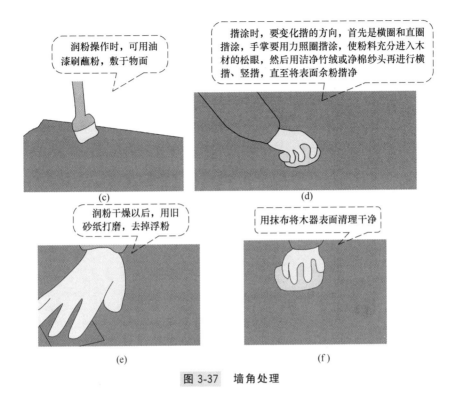

图 3-37 墙角处理

注意事项：虫胶溶解调配时，稠度要适当，太稠不宜揩擦，而且颜色容易揩花；太稀松也不容易充分填满，失去填孔的作用。

（6）施涂虫胶清漆 施涂体积比为1∶5的虫胶清漆，如图3-38所示。

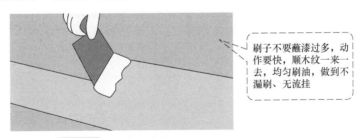

图 3-38 施涂虫胶清漆

（7）复补腻子及打磨 如图3-39所示。

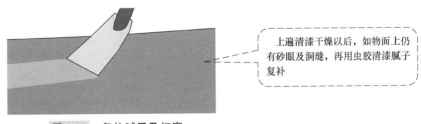

图 3-39 复补腻子及打磨

注意事项：复补腻子不要超过缝眼，干后用0号砂纸打磨、扫净。

（8）拼色、修色　如图3-40所示。

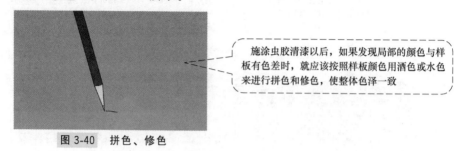

施涂虫胶清漆以后，如果发现局部的颜色与样板有色差时，就应该按照样板颜色用酒色或水色来进行拼色和修色，使整体色泽一致

图3-40　拼色、修色

（9）施涂虫胶清漆及打磨　待物面干燥后，涂施一遍虫胶：酒精＝1：5（体积比）的虫胶清漆，如图3-41所示。

干后用0号或$1\frac{1}{2}$号旧砂纸打磨光滑

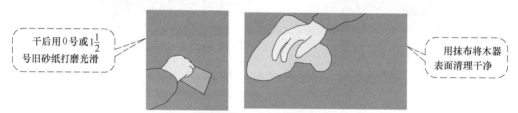

用抹布将木器表面清理干净

图3-41　施涂虫胶清漆及打磨

（10）施涂硝基清漆2～4遍及打磨　如图3-42和图3-43所示。

将厚稠的硝基清漆用硝基稀料调稀

将厚稠的硝基清漆倒入桶中

（a）　　　　　　（b）

将硝基稀料倒入桶中

搅拌均匀，注意掌握好漆的稠度，以免过稠，刷的时候用力过大会把涂膜揭起

（c）　　　　　　（d）

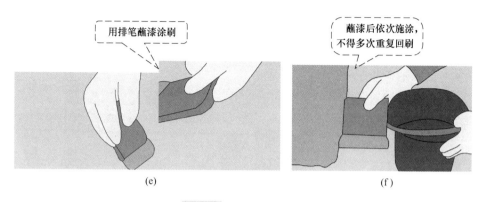

用排笔蘸漆涂刷

蘸漆后依次施涂，
不得多次重复回刷

(e)

(f)

图 3-42　施涂硝基清漆

经验指导：① 用 8～12 管不脱毛羊毛排笔施涂 2～4 遍。由于硝基清漆渗透力很强，在一个地方多次重复回刷，容易把底层涂抹泡软而揭起，所以施涂时要等下一层硝基清漆干透后再进行。

② 涂刷时动作要迅速，做到施涂均匀，无漏刷、流挂、过棱、起泡等缺陷。每遍干燥时间需 30～60min。干燥后都要用旧木砂纸打磨。

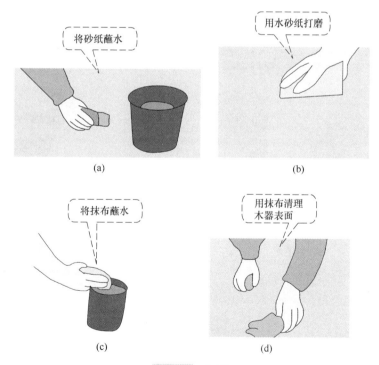

将砂纸蘸水

用水砂纸打磨

(a)

(b)

将抹布蘸水

用抹布清理
木器表面

(c)

(d)

图 3-43　打磨

（11）揩涂硝基清漆及打磨　如图 3-44 所示。

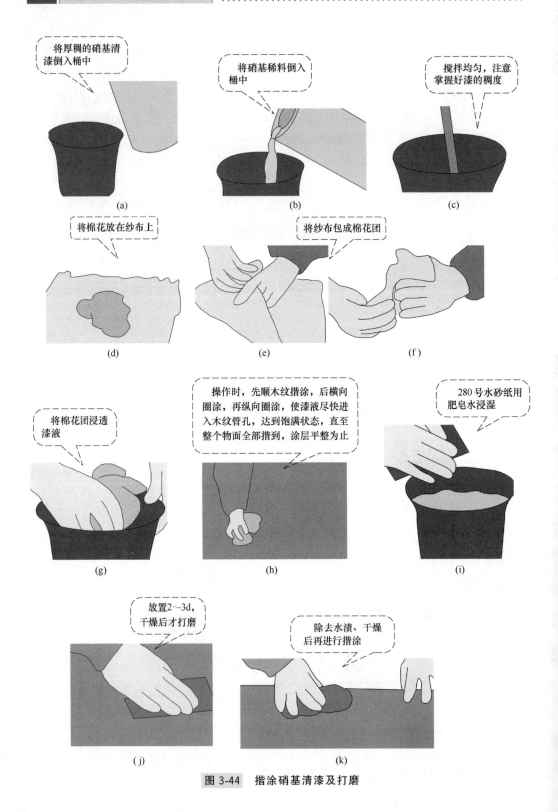

图 3-44　揩涂硝基清漆及打磨

经验指导：揩涂硝基清漆是传统的手工操作，事先用纱布包成棉花团，因为硝基清漆经过数遍施涂，施干后表面会出现显眼现象。为了获得平整涂抹，必须用数次揩涂的方法。

（12）揩涂硝基清漆并理平见光　如图3-45所示。

操作时首先分段直拖，拖至基本平整，再顺木纹通长直拖，并一拖到底，达到可以理平见光的效果

图3-45　揩涂硝基清漆并理平见光

经验指导：揩涂第二遍硝基清漆的稠度要比第一遍稀一些，调配时适当地多加一些硝基稀料。

（13）擦砂蜡、光蜡　如图3-46和图3-47所示。

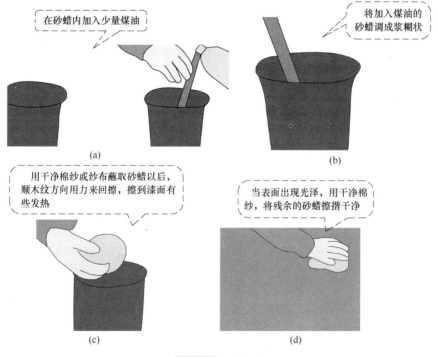

在砂蜡内加入少量煤油

将加入煤油的砂蜡调成浆糊状

(a)

(b)

用干净棉纱或纱布蘸取砂蜡以后，顺木纹方向用力来回擦，擦到漆面有些发热

当表面出现光泽，用干净棉纱，将残余的砂蜡擦揩干净

(c)

(d)

图3-46　擦砂蜡

注意事项：要注意，不可长时间在局部擦涂，以免涂膜因过热软化而损坏。

图 3-47　擦光蜡

3.4　聚氨酯清漆刷亮与磨退工艺

3.4.1　聚氨酯清漆刷亮工艺

聚氨酯清漆刷亮工艺流程如下。

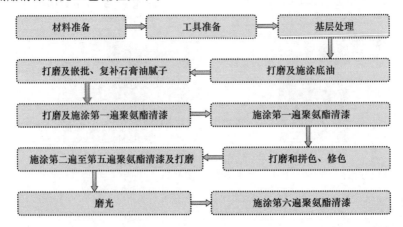

（1）材料准备　与硝基清漆理平见光的用料基本相同，主要增加了聚氨酯清漆。

（2）工具准备　工具应备有砂纸、油漆刷、排笔、小提桶、油灰刀和棉纱头等。

（3）基层处理　如图 3-48 所示。

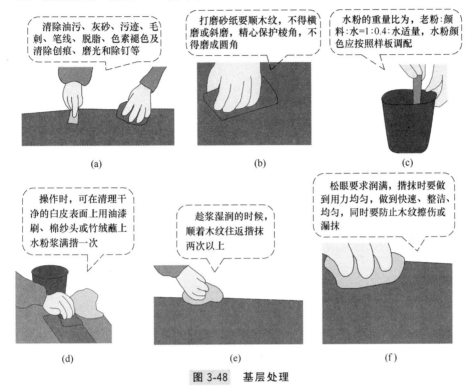

清除油污、灰砂、污迹、毛刺、笔线、脱脂、色素褪色及清除创痕、磨光和除钉等

（a）

打磨砂纸要顺木纹，不得横磨或斜磨，精心保护棱角，不得磨成圆角

（b）

水粉的重量比为，老粉:颜料:水=1:0.4:水适量，水粉颜色应按照样板调配

（c）

操作时，可在清理干净的白皮表面上用油漆刷、棉纱头或竹绒蘸上水粉浆满揩一次

（d）

趁浆湿润的时候，顺着木纹往返揩抹两次以上

（e）

松眼要求润满，揩抹时要做到用力均匀，做到快速、整洁、均匀，同时要防止木纹擦伤或漏抹

（f）

图 3-48　基层处理

（4）打磨及施涂底油　如图 3-49 和图 3-50 所示。

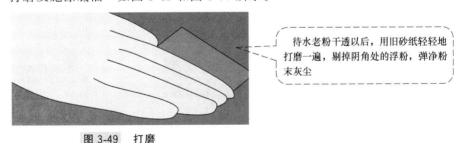

待水老粉干透以后，用旧砂纸轻轻地打磨一遍，剔掉阴角处的浮粉，弹净粉末灰尘

图 3-49　打磨

底油要用聚氨酯清漆加入适量的硝基漆料调成。

取适量的聚氨酯物料

（a）

图 3-50

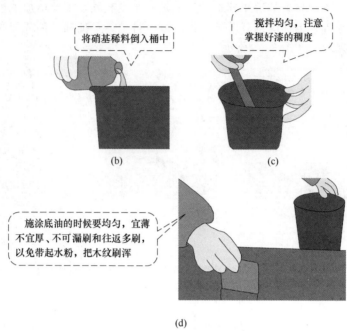

图 3-50　施涂底油

（5）打磨及嵌批、复补石膏油腻子　如图 3-51 所示。

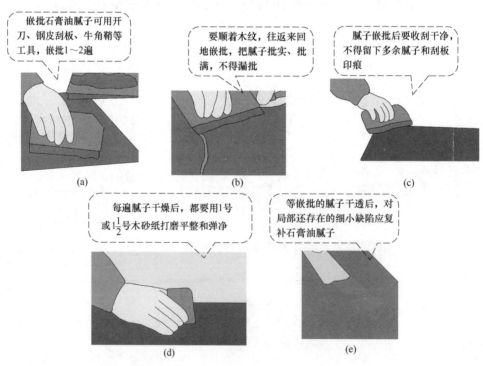

图 3-51　打磨及嵌批、复补石膏油腻子

（6）打磨及施涂第一遍聚氨酯清漆 如图 3-52 所示。

石膏油腻子干透后，用1号或 $1\frac{1}{2}$ 号木砂纸顺着木纹来回打磨，直至抹掉复补腻子的圈疤

打磨后弹净

图 3-52 打磨及施涂第一遍聚氨酯清漆

注意事项：不能把腻子磨伤、磨穿，棱角要保护好。

（7）施涂第一遍聚氨酯清漆 如图 3-53 所示。

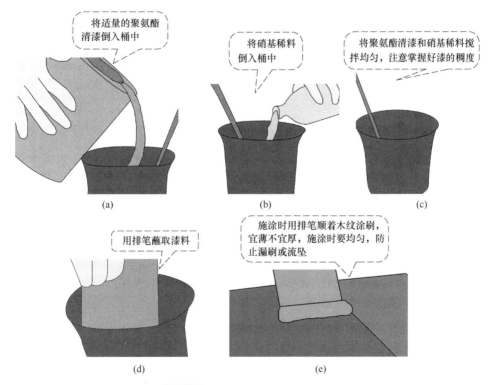

将适量的聚氨酯清漆倒入桶中

将硝基稀料倒入桶中

将聚氨酯清漆和硝基稀料搅拌均匀，注意掌握好漆的稠度

(a)　　　　　　　(b)　　　　　　　(c)

用排笔蘸取漆料

施涂时用排笔顺着木纹涂刷，宜薄不宜厚，施涂时要均匀，防止漏刷或流坠

(d)　　　　　　　(e)

图 3-53 施涂第一遍聚氨酯清漆

（8）打磨和拼色、修色 如图 3-54 所示。

（9）施涂第二至第五遍聚氨酯清漆及打磨 如图 3-55 所示。

第一遍聚氨酯清漆干燥后，用1号或$1\frac{1}{2}$号木砂纸顺着木纹轻轻地往返直磨，不能横磨、斜磨、漏磨和磨伤

拼色可用酒色或水色，操作方法与硝基清漆理平见光工艺中拼色、修色相同

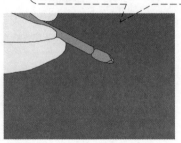

图 3-54　打磨和拼色、修色

施涂时应顺着木纹方向，不能横刷、斜刷、漏刷和流坠，并保持适当的厚度

图 3-55　施涂第 2～5 遍聚氨酯清漆及打磨

注意事项：*每遍聚氨酯清漆施涂后，应隔日待其充分干透，颗粒、飞刺翘起，以利于打磨。*

（10）磨光　如图 3-56 所示。

第五遍聚氨酯清漆干燥后，可用280～320号水砂纸打磨

打磨时用力要均匀，要求磨平、磨细腻，把大约70%的光磨倒，但是应该注意棱角处不能磨白和磨穿

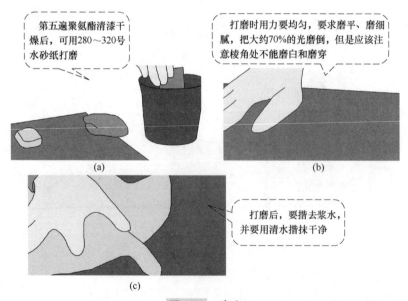

(a)　　　　　　　　(b)

打磨后，要揩去浆水，并要用清水揩抹干净

(c)

图 3-56　磨光

（11）施涂第六遍聚氨酯清漆　如图 3-57 所示。

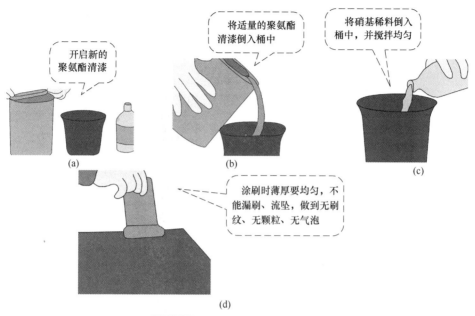

图 3-57　施涂第六遍聚氨酯清漆

> 　　**经验指导**：这遍聚氨酯清漆是刷料工艺的罩面漆。罩面聚氨酯清漆的配方与前面工序相同，最好能用新开的清漆。配好的聚氨酯清漆应在 15min 以后再使用。要求被涂物的表面要洁净，不得有灰尘。通风，但是应该尽量避免直接吹风。

3.4.2　聚氨酯清漆磨退工艺

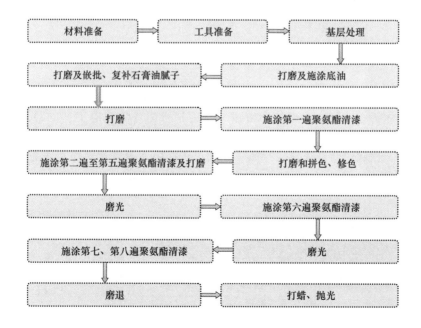

聚氨酯清漆磨退工艺需要在聚氨酯清漆刷亮工艺的基础上增加以下工序。

（1）磨光　如图3-58所示。

上遍聚氨酯清漆干燥后，可用280～320号水砂纸打磨

打磨时用力要均匀，要求磨平、磨细腻，把大约70%的光磨倒，但是应该注意棱角处不能磨白和磨穿

第一遍聚氨酯清漆干燥后，用1号或$1\frac{1}{2}$号木砂纸顺着木纹轻轻地往返直磨，不能横磨、斜磨、漏磨和磨伤

打磨后弹净

打磨后，要揩去浆水，并且要用清水揩抹干净

图 3-58　磨光

注意事项：磨光其操作方法和要求与上遍磨光工序相同。

（2）施涂第七、第八遍聚氨酯清漆　作为聚氨酯清漆磨退工艺的最后两遍罩面漆，其施涂方法同上。同时要求第八遍面漆在第七遍面漆涂抹还没有完全干透的情况下接连涂刷，以利于涂抹丰满、平整。在磨退工序中，不宜被磨穿和磨透。

（3）磨退　如图3-59所示。

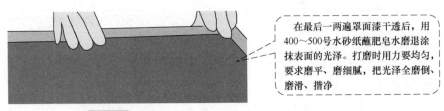

在最后一两遍罩面漆干透后，用400～500号水砂纸蘸肥皂水磨退涂抹表面的光泽。打磨时用力要均匀，要求磨平、磨细腻，把光泽全磨倒、磨滑、揩净

图 3-59　磨退

（4）打蜡、抛光　如图 3-60 所示。

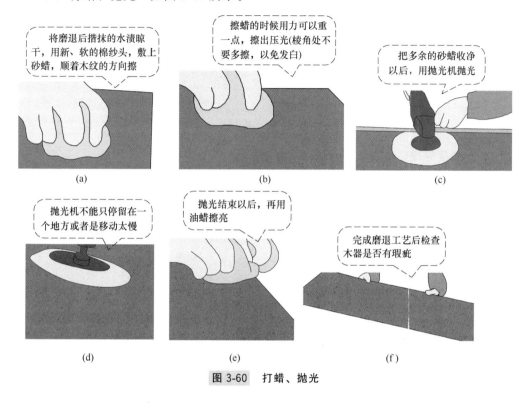

图 3-60　打蜡、抛光

3.5　磁漆、无光漆施涂工艺

磁漆、无光漆施涂工艺施工步骤如下。

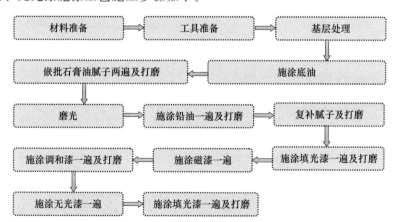

（1）材料准备　要备好熟石膏粉、清油、水、醇酸稀料、厚漆、调和漆、无光漆和磁漆等。

（2）工具准备　如图 3-61 所示。

工具应备有砂纸、油漆刷、排笔、小提桶、油灰刀和棉纱头等

图 3-61 工具准备

（3）基层处理 如图 3-62 所示。

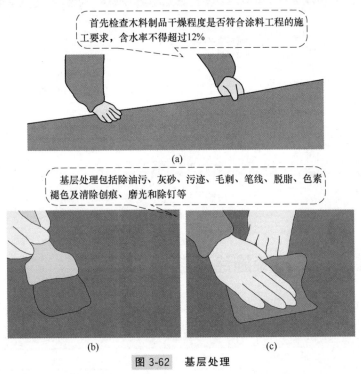

首先检查木料制品干燥程度是否符合涂料工程的施工要求，含水率不得超过12%

(a)

基层处理包括除油污、灰砂、污迹、毛刺、笔线、脱脂、色素褪色及清除创痕、磨光和除钉等

(b)　　　　(c)

图 3-62 基层处理

如果表面颜色深浅不一致，可使用双氧水和氨水配成的溶液进行色素褪色处理。

（4）施涂底油 如图 3-63 所示。

向桶中倒入清油

在清油中加入适量的醇酸稀料

(a)　　　　　　　　　(b)

施涂的次序为先上后下、先左后右、先难后易、先外后里

(c)

图 3-63　施涂底油

经验指导：①这样配置的清油较稀，能渗进木材内部，起到防止受潮、变形，增强防腐的作用，并使后道工序嵌批腻子、施涂铅油能很好地与底层黏结。

②施涂清漆是涂料施工中最普通的一道工序，往往因为疏忽大意，产生漏刷、流坠、过棱、起皱、施涂不均匀等不应有的现象，因此操作的时候，必须认真严格要求。

（5）嵌批石膏油腻子两遍及打磨　如图 3-64 所示。

底油干后，即可嵌批石膏油腻子

需要先把所有洞眼、裂缝嵌批严密、整齐

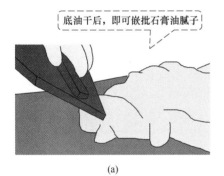

(a)

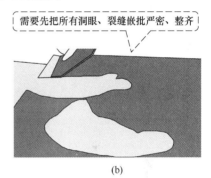

(b)

图 3-64　嵌批石膏油腻子两遍及打磨

（6）磨光　如图 3-65 所示。

满批腻子时，要顺木纹直线批刮，不可批成圆弧状，收刮腻子要干净，不可有多余腻子残留在物面上

每遍腻子干透以后，都要用 $1\frac{1}{2}$ 号木砂纸沿木纹打磨。打磨后要求表面平整、光滑，以利于下道工序的施涂

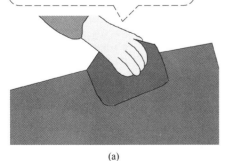

(a)

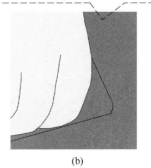

(b)

图 3-65　磨光

（7）施涂铅油一遍及打磨　如图 3-66 所示。

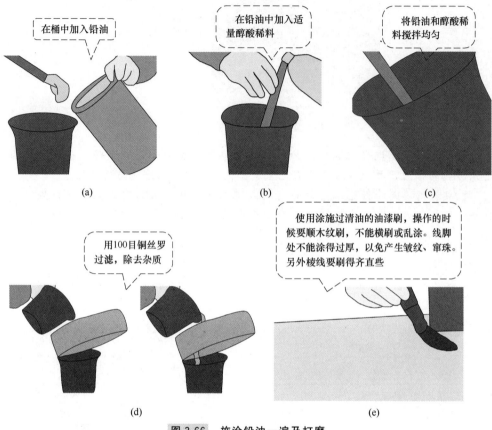

在桶中加入铅油

在铅油中加入适量醇酸稀料

将铅油和醇酸稀料搅拌均匀

(a)　　　　　　　(b)　　　　　　　(c)

用100目铜丝罗过滤，除去杂质

使用涂施过清油的油漆刷，操作的时候要顺木纹刷，不能横刷或乱涂。线脚处不能涂得过厚，以免产生皱纹、窜珠。另外棱线要刷得齐直些

(d)　　　　　　　　　(e)

图 3-66　施涂铅油一遍及打磨

注意事项： 经过 24h，铅油干后，用 1 号砂纸或旧砂纸，轻轻打磨到表面光洁为止，打磨的时候要注意不能抹掉铅油而露出木质。打磨后弹扫干净。

（8）复补腻子及打磨　如图 3-67 所示。

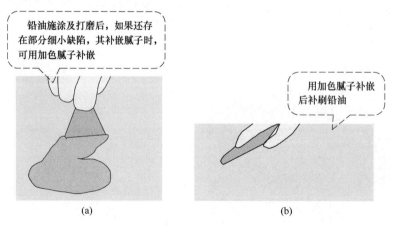

铅油施涂及打磨后，如果还存在部分细小缺陷，其补嵌腻子时，可用加色腻子补嵌

用加色腻子补嵌后补刷铅油

(a)　　　　　　　　　(b)

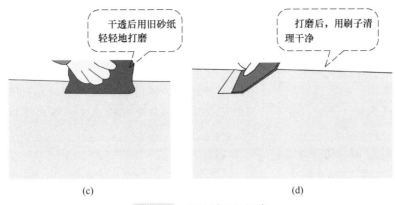

图 3-67 复补腻子及打磨

（9）施涂填光漆一遍（图 3-68）及打磨（图 3-69） 如果面漆使用磁漆罩面，则应该填光。

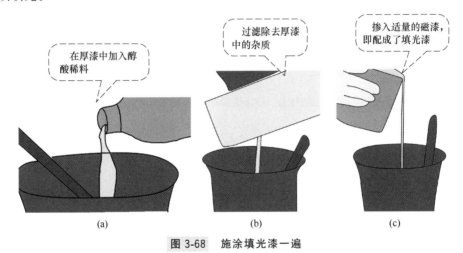

图 3-68 施涂填光漆一遍

经验指导：增加漆内的油料，成活后色泽丰满。

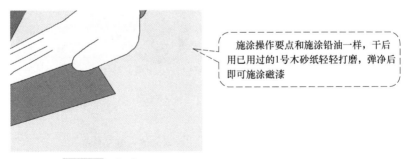

图 3-69 打磨

（10）施涂磁漆一遍 在施涂过程中应注意以下两点。

① 磁漆比较稠，因此在施涂时，必须用施涂过铅油的油漆刷操作，用新油漆刷容易留痕迹。

② 油漆刷刷毛不宜过长也不宜过短，过长磁漆不易刷匀，容易产生皱纹、流坠现象；过短则会产生刷痕，露底等瑕疵。

> **注意事项**：磁漆黏度较大，施涂时要均匀，不露底，做到多刷、多理，仔细检查及时发现弊病，并加以修正。同时还要注意保持好环境卫生，防止污物、灰砂沾污涂膜。

（11）施涂调和漆一遍及打磨　如图3-70所示。

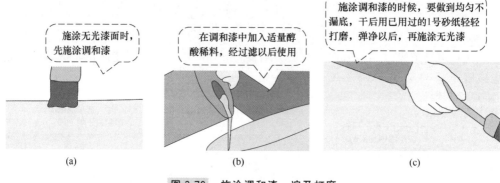

(a)　　　　　　　　(b)　　　　　　　　(c)

图 3-70　施涂调和漆一遍及打磨

（12）施涂无光漆一遍　无光漆有快干的特点，施涂的主要目的是将原有的光泽刷倒，不显铝光。

（13）施涂填光漆一遍及打磨　如图3-71所示。

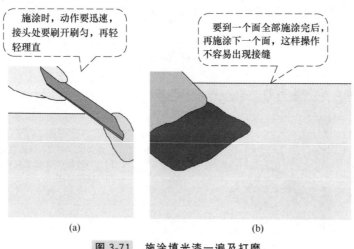

(a)　　　　　　　　(b)

图 3-71　施涂填光漆一遍及打磨

> **注意事项**：无光漆气味大，有微毒，每次操作时间不宜过长，做好几个物面后要休息一下，呼吸新鲜空气，然后再去施涂。

3.6　各色聚氨酯磁漆刷亮与磨退工艺

3.6.1　各色聚氨酯磁漆刷亮工艺

各色聚氨酯磁漆刷亮工艺步骤如下。

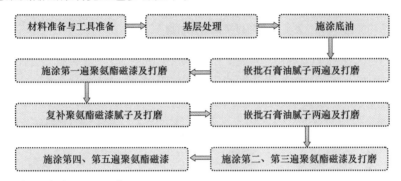

```
材料准备与工具准备 → 基层处理 → 施涂底油
                                    ↓
施涂第一遍聚氨酯磁漆及打磨 ← 嵌批石膏油腻子两遍及打磨
        ↓
复补聚氨酯磁漆腻子及打磨 ← 嵌批石膏油腻子两遍及打磨
        ↓
施涂第四、第五遍聚氨酯磁漆 ← 施涂第二、第三遍聚氨酯磁漆及打磨
```

（1）材料准备与工具准备

① 材料准备：与磁漆施涂工艺的用料基本相同（增加彩色聚氨酯磁漆）。

② 工具准备：与磁漆施涂工艺的工具相同。

（2）基层处理　基层处理其操作方法与磁漆基层处理相同，如图 3-72 所示。

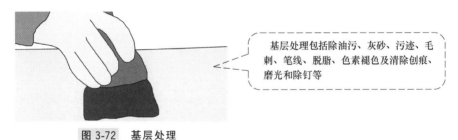

> 基层处理包括除油污、灰砂、污迹、毛刺、笔线、脱脂、色素褪色及清除创痕、磨光和除钉等

图 3-72　基层处理

（3）施涂底油　如图 3-73 所示。

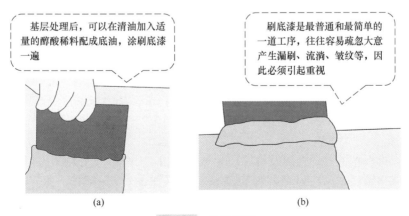

> 基层处理后，可以在清油加入适量的醇酸稀料配成底油，涂刷底漆一遍

> 刷底漆是最普通和最简单的一道工序，往往容易疏忽大意产生漏刷、流淌、皱纹等，因此必须引起重视

(a)　　　　　　　　　　　　(b)

图 3-73　施涂底油

（4）嵌批石膏油腻子两遍及打磨　如图 3-74 所示。

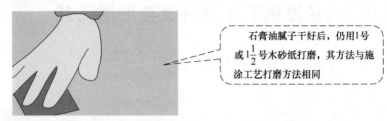

石膏油腻子干好后，仍用1号或1$\frac{1}{2}$号木砂纸打磨，其方法与施涂工艺打磨方法相同

图 3-74　嵌批石膏油腻子两遍及打磨

待底油干后，嵌批石膏油腻子两遍，嵌批方法与磁漆施工工艺嵌批石膏油腻子相同。

（5）施涂第一遍聚氨酯磁漆及打磨　如图 3-75 所示。

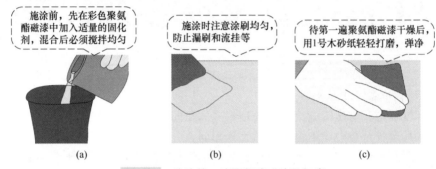

施涂前，先在彩色聚氨酯磁漆中加入适量的固化剂，混合后必须搅拌均匀

施涂时注意涂刷均匀，防止漏刷和流挂等

待第一遍聚氨酯磁漆干燥后，用1号木砂纸轻轻打磨，弹净

(a)　　　　　　　(b)　　　　　　　(c)

图 3-75　施涂第一遍聚氨酯磁漆及打磨

经验指导：调配时应注意用多少配多少，多配用不完会固化，从而造成浪费。

（6）复补聚氨酯磁漆腻子及打磨　如图 3-76 所示。表面如还有洞缝等细小缺陷，就要用聚氨酯磁漆腻子复补、平整。

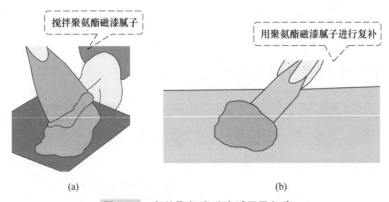

搅拌聚氨酯磁漆腻子

用聚氨酯磁漆腻子进行复补

(a)　　　　　　　　　　　(b)

图 3-76　复补聚氨酯磁漆腻子及打磨

（7）嵌批石膏油腻子两遍及打磨　干透以后用 1 号木砂纸打磨平整，并弹干净。

（8）施涂第二、第三遍聚氨酯磁漆及打磨（图 3-77）　第二、第三遍聚氨酯磁漆，除按规定的配比以外，还应根据施工和气候条件，适当调整聚氨酯磁漆和固化剂的用量。施涂第二、第三遍的操作方法与第一遍相同。

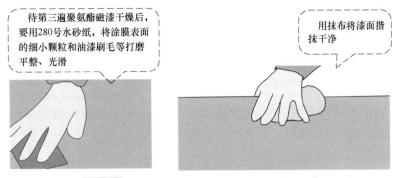

图 3-77 施涂第二、第三遍聚氨酯磁漆及打磨

（9）施涂第四、第五遍聚氨酯磁漆 如图 3-78 所示。

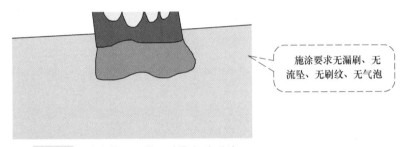

图 3-78 施涂第四、第五遍聚氨酯磁漆

注意事项：施涂第四、第五遍聚氨酯磁漆，施涂物面要求洁净，施涂方法与前面基本相同，但是要求第五遍最好能在第四遍涂膜还没有完全干透的情况下就接着刷，以利于涂膜的相互黏结和涂膜的丰满以及平整。

3.6.2 各色聚氨酯磁漆磨退工艺

各色聚氨酯磁漆磨退工艺步骤如下。

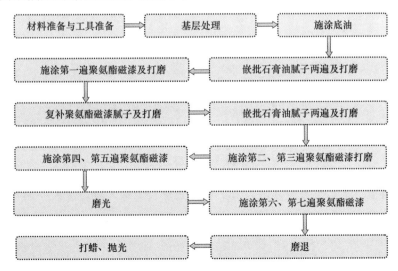

　　各色聚氨酯磁漆磨退工艺需要在各色聚氨酯磁漆刷亮工艺的基础上增加以下工序。

　　（1）磨光　如图 3-79 所示。

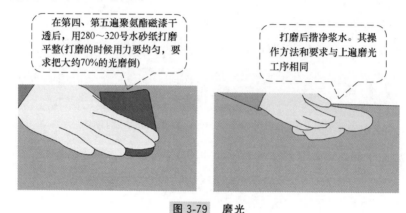

在第四、第五遍聚氨酯磁漆干透后，用280～320号水砂纸打磨平整(打磨的时候用力要均匀，要求把大约70%的光磨倒)

打磨后揩净浆水。其操作方法和要求与上遍磨光工序相同

图 3-79　磨光

　　（2）施涂第六、第七遍聚氨酯磁漆　其方法和步骤同施涂第四、第五遍聚氨酯磁漆。

　　（3）磨退　如图 3-80 所示。

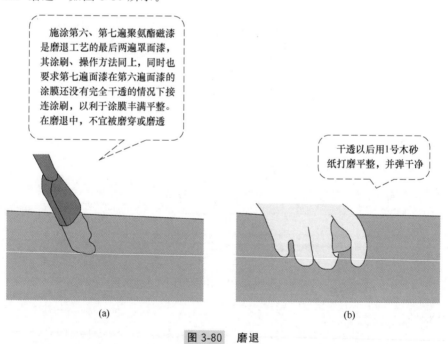

施涂第六、第七遍聚氨酯磁漆是磨退工艺的最后两遍罩面漆，其涂刷、操作方法同上，同时也要求第七遍面漆在第六遍面漆的涂膜还没有完全干透的情况下接连涂刷，以利于涂膜丰满平整。在磨退中，不宜被磨穿或磨透

干透以后用1号木砂纸打磨平整，并弹干净

(a)　　　　　　　　　　　　　　　　(b)

图 3-80　磨退

　　注意事项：要求用力均匀，达到平整、光滑、细腻，把涂膜表面的光泽全部磨倒并揩抹干净。

　　（4）打蜡、抛光　如图 3-81 所示。

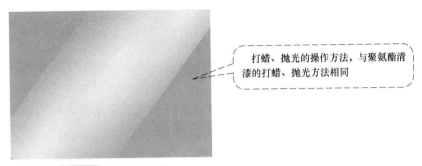

图 3-81 打蜡、抛光

3.7 丙烯酸木器清漆刷亮与磨退工艺

3.7.1 丙烯酸木器清漆刷亮工艺

丙烯酸木器清漆刷亮工艺步骤如下。

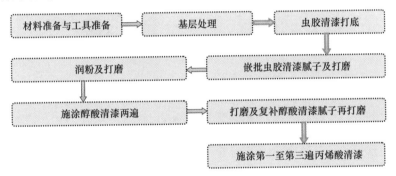

（1）材料准备 用料增加 PH_2-1 型双组分丙烯酸亚光木器清漆、醇酸清漆、熟石膏等材料。

（2）基层处理 基层处理与前面介绍的基本相同，如图 3-82 所示。

（3）虫胶清漆打底 如图 3-83 所示。

图 3-82

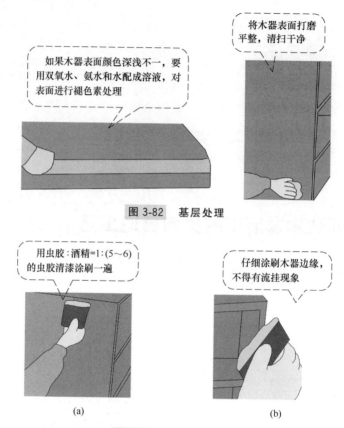

如果木器表面颜色深浅不一，要用双氧水、氨水和水配成溶液，对表面进行褪色素处理

将木器表面打磨平整，清扫干净

图 3-82　基层处理

用虫胶:酒精=1:(5~6)的虫胶清漆涂刷一遍

仔细涂刷木器边缘，不得有流挂现象

(a)　　　　　　　　　　　　(b)

图 3-83　虫胶清漆打底

注意事项：虫胶清漆打底的目的是使木毛竖起变硬后容易打磨；另一方面是封底和嵌补虫胶清漆腻子，不宜显疤。

（4）嵌批虫胶清漆腻子及打磨　如图 3-84 所示。

（5）润粉及打磨　如图 3-85 所示。

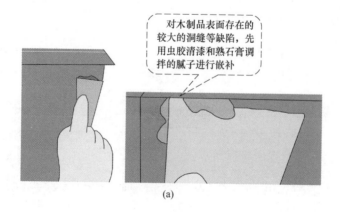

对木制品表面存在的较大的洞缝等缺陷，先用虫胶清漆和熟石膏调拌的腻子进行嵌补

(a)

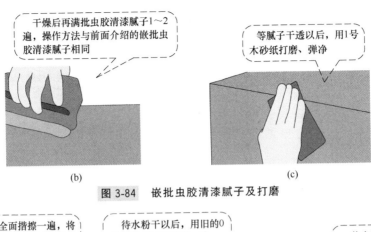

图 3-84 嵌批虫胶清漆腻子及打磨

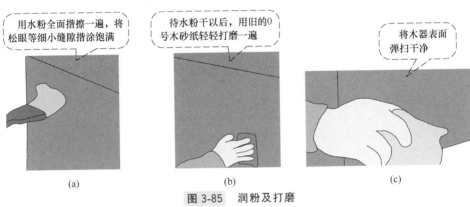

图 3-85 润粉及打磨

经验指导: ①揩涂油粉时,要纵横旋转,呈圆形进行,使松眼充分填实;然后趁粉浆未干之前,再用洁净的竹花擦净余粉,最后顺木纹理顺揩直,应注意不允许有横、斜和圈擦的痕迹,使表面颜色均匀一致。

②润粉的主要作用是填孔、着色,调配水粉的颜色要与样板的颜色相近。

（6）施涂醇酸清漆两遍 如图 3-86 和图 3-87 所示。

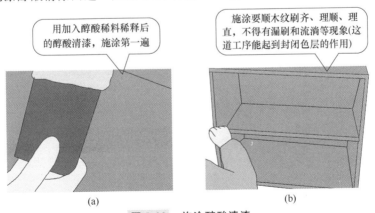

图 3-86 施涂醇酸清漆

待第一遍醇酸清漆干透,用 0 号木砂纸打磨以后,对局部还存在细小缺陷的要复补醇酸清漆腻子。同时要检查木制品表面的色泽是否符合样板的色泽。一般应比样板略浅为宜。

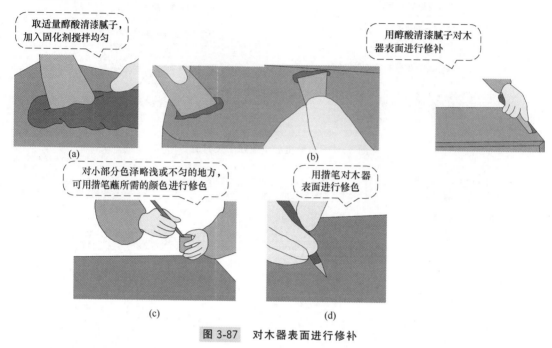

图 3-87　对木器表面进行修补

然后用醇酸稀料稀释后的醇酸清漆施涂第二遍。施涂操作要求与第一遍相同。

（7）打磨及复补醇酸清漆腻子再打磨　如图 3-88 所示。

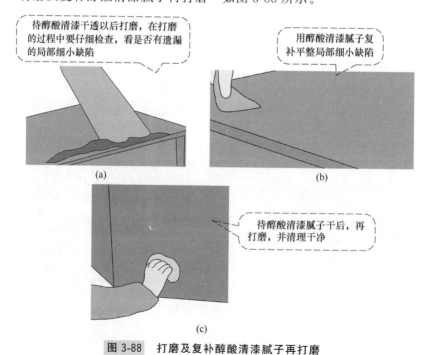

图 3-88　打磨及复补醇酸清漆腻子再打磨

（8）施涂第一至第三遍丙烯酸清漆　如图 3-89 所示。

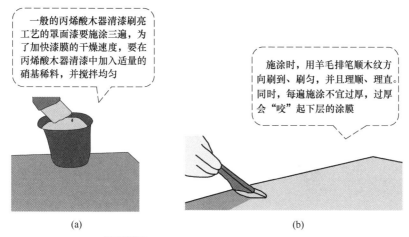

一般的丙烯酸木器清漆刷亮工艺的罩面漆要施涂三遍，为了加快漆膜的干燥速度，要在丙烯酸木器清漆中加入适量的硝基稀料，并搅拌均匀

施涂时，用羊毛排笔顺木纹方向刷到、刷匀，并且理顺、理直。同时，每遍施涂不宜过厚，过厚会"咬"起下层的涂膜

(a)　　　　　　　　　　(b)

图 3-89　施涂第一至第三遍丙烯酸清漆

注意事项：每遍涂膜干透后，即用 280～320 号水砂纸打磨，如间隔时间太长，涂膜干硬会影响打磨。

3.7.2　丙烯酸木器清漆磨退工艺

丙烯酸木器清漆磨退工艺步骤如下。

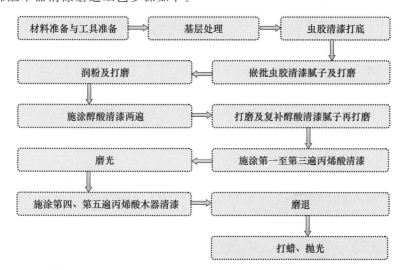

材料准备与工具准备 → 基层处理 → 虫胶清漆打底

润粉及打磨 ← 嵌批虫胶清漆腻子及打磨

施涂醇酸清漆两遍 → 打磨及复补醇酸清漆腻子再打磨

磨光 ← 施涂第一至第三遍丙烯酸清漆

施涂第四、第五遍丙烯酸木器清漆 → 磨退

打蜡、抛光

丙烯酸木器清漆磨退工艺需要在丙烯酸木器清漆刷亮工艺的基础上增加以下工序。

（1）磨光　如图 3-90 所示。

（2）施涂第四、第五遍丙烯酸木器清漆　如图 3-91 所示。

（3）磨退　如图 3-92 所示。

（4）打蜡、抛光　如图 3-93 所示。

第三遍丙烯酸木器清漆施涂干燥以后，用280～320号水砂纸打磨，要把70%的光磨倒，揩去浆水，并用清水揩抹干净

图 3-90　磨光

待第一遍面漆干透后，用280～320号水砂纸打磨，并揩干净，然后再施涂第二遍面漆

施涂第四、第五遍丙烯酸木器清漆，施涂方法同上

图 3-91　施涂第四、第五遍丙烯酸木器清漆

最后一遍面漆施涂后，待7d左右充分干透，再用400～500号水砂纸蘸肥皂水打磨，要求抹掉涂膜表面不平处及细小颗粒

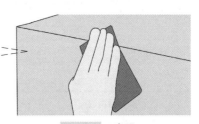

图 3-92　磨退

把浆水揩抹干净后，顺木纹方向擦砂蜡，并且用抛光机抛光。其操作方法与聚氨酯清漆抛光方法相同

抛光后再用油蜡擦亮

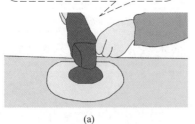

(a)　　　　　　　　　　　(b)

图 3-93　打蜡、抛光

3.8 硬木地板聚氨酯耐磨清漆工艺

硬木地板聚氨酯耐磨清漆工艺步骤如下。

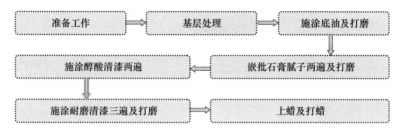

(1) 准备工作

① 材料准备：与聚氨酯清漆理平见光工艺相比，增加聚氨酯耐磨清漆。

② 工具准备：与聚氨酯清漆理平见光工艺用具基本相同。

(2) 基层处理 如图 3-94 所示。

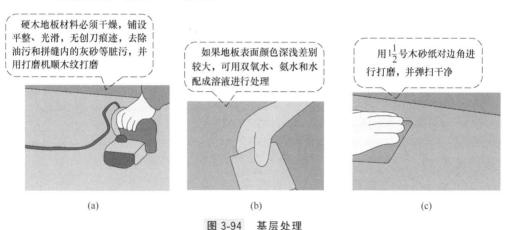

图 3-94 基层处理

(3) 施涂底油及打磨 如图 3-95 所示。

图 3-95 施涂底油及打磨

注意事项：底油可用虫胶：酒精＝1：6调配而成的虫胶清漆。底油干燥后，用1号木砂纸顺木纹打磨，并弹扫干净。

（4）嵌批石膏腻子两遍及打磨　如图3-96所示。

石膏油腻子可用石膏粉、颜料、腻子油加水调配而成。注意石膏油腻子中的油量要适量增加，以增强腻子的附着力和耐磨强度

(a)

对较大的拼缝、洞眼等缺陷，先用较硬的石膏油腻子嵌补平整，干燥后再满批腻子

(b)　　　　　　　　(c)　　　　　　　　(d)

图3-96　嵌批石膏腻子两遍及打磨

（5）施涂醇酸清漆两遍　如图3-97所示。

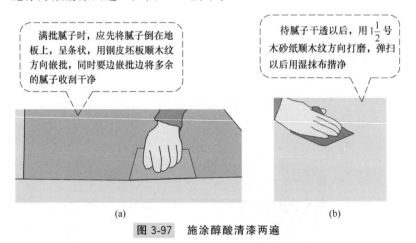

满批腻子时，应先将腻子倒在地板上，呈条状，用钢皮坯板顺木纹方向嵌批，同时要边嵌批边将多余的腻子收刮干净

待腻子干透以后，用$1\frac{1}{2}$号木砂纸顺木纹方向打磨，弹扫以后用湿抹布揩净

(a)　　　　　　　　　　　　(b)

图3-97　施涂醇酸清漆两遍

注意事项：对正方形、人字形、对角线形等方法铺贴的硬木地板，也一定要顺木纹方向进行嵌批。

（6）施涂耐磨清漆三遍及打磨　如图 3-98 所示。

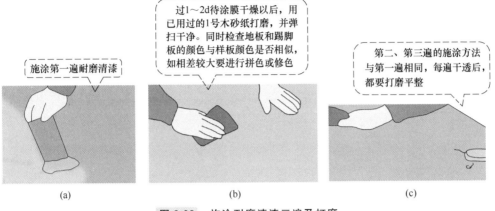

施涂第一遍耐磨清漆

过1～2d待涂膜干燥以后，用已用过的1号木砂纸打磨，并弹扫干净。同时检查地板和踢脚板的颜色与样板颜色是否相似，如相差较大要进行拼色或修色

第二、第三遍的施涂方法与第一遍相同，每遍干透后，都要打磨平整

(a)　　　　　　　　(b)　　　　　　　　(c)

图 3-98　施涂耐磨清漆三遍及打磨

注意事项：如施涂面积较大，需要安排操作人员相互配合作业。

（7）上蜡及打蜡　如图 3-99 所示。

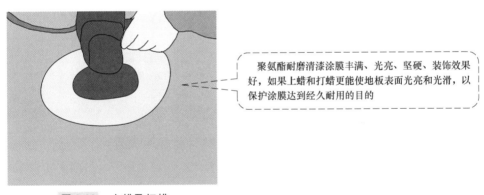

聚氨酯耐磨清漆涂膜丰满、光亮、坚硬、装饰效果好，如果上蜡和打蜡更能使地板表面光亮和光滑，以保护涂膜达到经久耐用的目的

图 3-99　上蜡及打蜡

3.9　喷涂装饰工艺

3.9.1　浮雕喷涂工艺

浮雕喷涂工艺步骤如下。

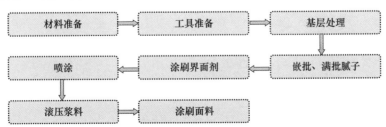

材料准备 → 工具准备 → 基层处理 ↓
喷涂 ← 涂刷界面剂 ← 嵌批、满批腻子
滚压浆料 → 涂刷面料

（1）材料准备　浮雕喷涂使用的主要材料有浮雕喷涂专用粉料及其配套胶、普通水泥或白水泥等。

（2）工具准备　备好空气压缩机（图3-100）、喷枪、压辊、滚刷、挖勺、油灰刀、刮板和砂纸等。

（3）基层处理　如图3-101所示。

图 3-100　空气压缩机

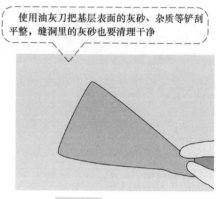

使用油灰刀把基层表面的灰砂、杂质等铲刮平整，缝洞里的灰砂也要清理干净

图 3-101　基层处理

（4）嵌批、满批腻子　如图3-102所示。

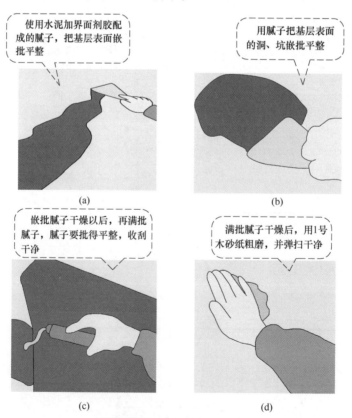

使用水泥加界面剂胶配成的腻子，把基层表面嵌批平整

用腻子把基层表面的洞、坑嵌批平整

(a)

(b)

嵌批腻子干燥以后，再满批腻子，腻子要批得平整，收刮干净

满批腻子干燥后，用1号木砂纸粗磨，并弹扫干净

(c)

(d)

图 3-102　嵌批、满批腻子

（5）涂刷界面剂　如图 3-103 所示。

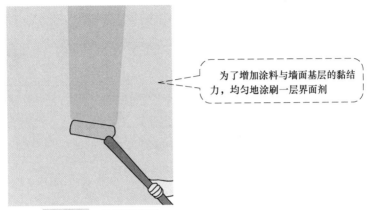

为了增加涂料与墙面基层的黏结力，均匀地涂刷一层界面剂

图 3-103　涂刷界面剂

（6）喷涂　如图 3-104 所示。

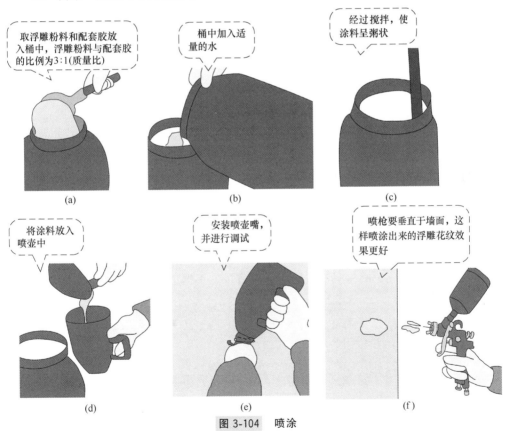

取浮雕粉料和配套胶放入桶中，浮雕粉料与配套胶的比例为3:1(质量比)

桶中加入适量的水

经过搅拌，使涂料呈粥状

（a）　　　　　　　　（b）　　　　　　　　（c）

将涂料放入喷壶中

安装喷壶嘴，并进行调试

喷枪要垂直于墙面，这样喷涂出来的浮雕花纹效果更好

（d）　　　　　　　　（e）　　　　　　　　（f）

图 3-104　喷涂

　　经验指导： 喷涂时，根据浮雕花纹的大小，来选择适当的喷嘴直径。喷枪的气压，一般控制在 $0.8\sim1$MPa，喷嘴直径掌握在 300mm 左右。

（7）滚压浆料 如图 3-105 所示。

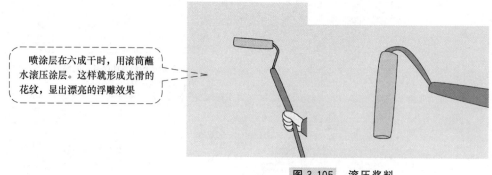

喷涂层在六成干时，用滚筒蘸水滚压涂层。这样就形成光滑的花纹，显出漂亮的浮雕效果

图 3-105 滚压浆料

（8）涂刷面料（图 3-106） 浮雕喷涂可以达到抗污染、抗老化、经久耐用、装饰美观的效果。

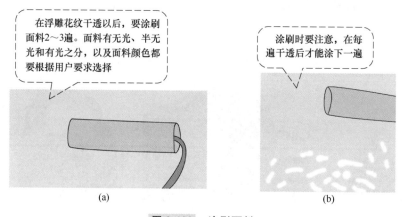

在浮雕花纹干透以后，要涂刷面料2～3遍。面料有无光、半无光和有光之分，以及面料颜色都要根据用户要求选择

涂刷时要注意，在每遍干透后才能涂下一遍

(a)

(b)

图 3-106 涂刷面料

3.9.2 真石漆喷涂工艺

采用天然真石彩色喷涂具有抗污染、耐腐蚀、不褪色、好清洗等一系列优点。其施工工艺步骤如下。

材料准备 → 工具准备 → 基层处理

刷涂罩光漆 ← 喷涂 ← 嵌批、满批腻子及打磨

（1）材料准备（图 3-107）
（2）工具准备 与浮雕喷涂工具相同。
（3）基层处理 基层处理与浮雕喷涂的要求相同，如图 3-108 所示。
（4）嵌批、满批腻子及打磨 如图 3-109 所示。
（5）喷涂 如图 3-110 所示。

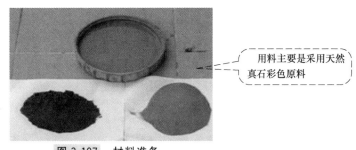

用料主要是采用天然真石彩色原料

图 3-107 材料准备

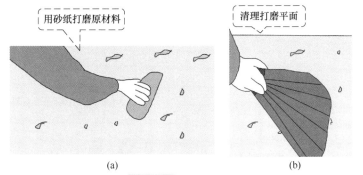

用砂纸打磨原材料

清理打磨平面

(a)   (b)

图 3-108 基层处理

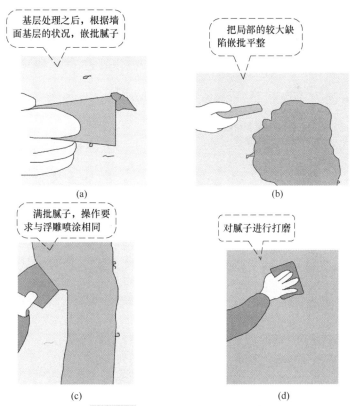

基层处理之后，根据墙面基层的状况，嵌批腻子

把局部的较大缺陷嵌批平整

(a)   (b)

满批腻子，操作要求与浮雕喷涂相同

对腻子进行打磨

(c)   (d)

图 3-109 嵌批、满批腻子及打磨

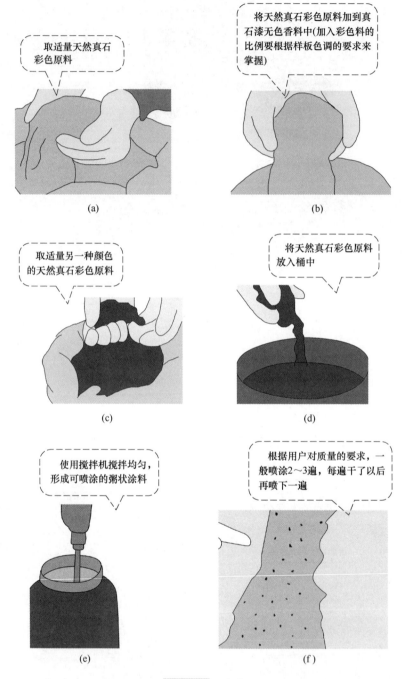

图 3-110 喷涂

注意事项：喷枪的压力、喷嘴直径的选择、操作要点与浮雕喷涂基本相同。

（6）刷涂罩光漆　如图 3-111 所示。

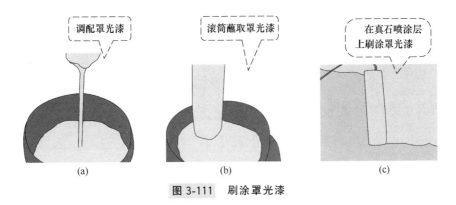

图 3-111 刷涂罩光漆

注意事项：罩光漆刷涂要均匀，厚薄一致，干燥后形成光滑的薄膜。

4

裱糊及软包施工工艺

4.1 壁纸裱糊施工工艺

壁纸施工工艺的方法主要有干贴法和湿贴法，这里主要介绍干贴法。

（1）施工步骤

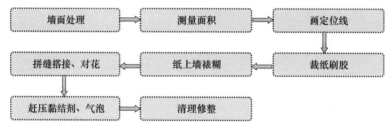

（2）壁纸施工工艺

① 工具准备（图 4-1）

图 4-1 工具准备

工具有裁刀、壁纸刀、针管、刀片、刮板、壁纸刷、水平尺、毛巾、卷尺、压缝压辊

② 墙面处理（图 4-2）

③ 测量面积并画定位线（图 4-3） 通过下面的公式来估算出壁纸的用量：

$$壁纸用量（卷）＝\frac{房间周长×房间高度}{每卷壁纸面积}×(1＋K)$$

其中，K 为壁纸损耗量，一般为 $3\% \sim 10\%$。大图案比小图案壁纸的利用率低，因而 K 值略大；裱糊面奇异复杂的要比普通的利用率低，K 值较高；每卷壁纸的尺寸越长利用率高，K 值较小。

图 4-2　墙面处理

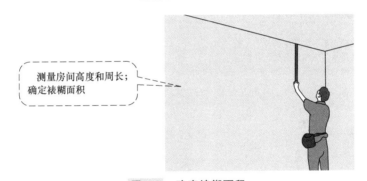

图 4-3　确定裱糊面积

④ 裁纸刷胶（图 4-4）

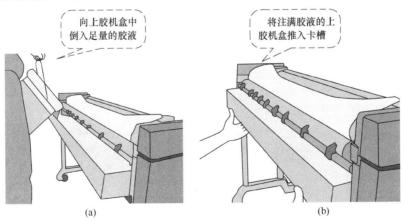

(a)　　　　　　　　　　　　(b)

图 4-4

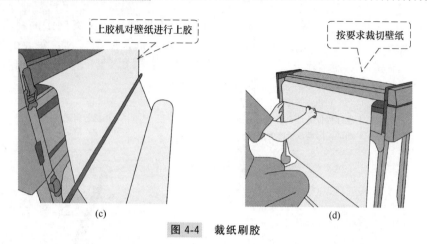

(c)　　　　　　　　　　(d)

图 4-4　裁纸刷胶

　　经验指导：①上胶机可以完成壁纸上胶和裁纸工序。

　　②裁纸的长度应先按壁纸的高度和拼花的需要来裁取，裁出的壁纸要比实际需求长 5～10cm，以便上下修正，同一房间应用一批壁纸，以避免出现色差，保证完美统一的装饰效果。

---

　　⑤ 纸上墙裱糊（图 4-5）

(a)　　　　　　　　　　(b)

(c)　　　　　　　　　　(d)

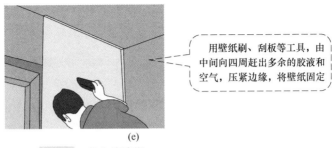

(e)

图 4-5　纸上墙裱糊

⑥ 拼缝搭接、对花

a. 拼缝搭接（图 4-6）

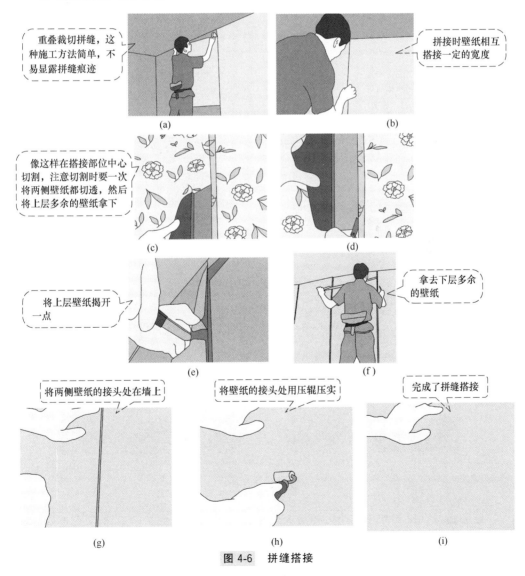

图 4-6　拼缝搭接

b. 对花（图 4-7）

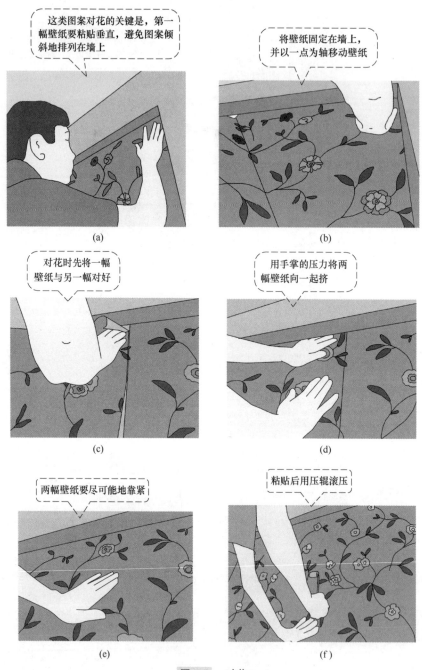

图 4-7　对花

经验指导： 图案对花有横向排列和斜向排列图案。一般从铺贴第二幅开始，就将遇到拼缝和图案对花的问题。

⑦ 墙角处理（图 4-8）

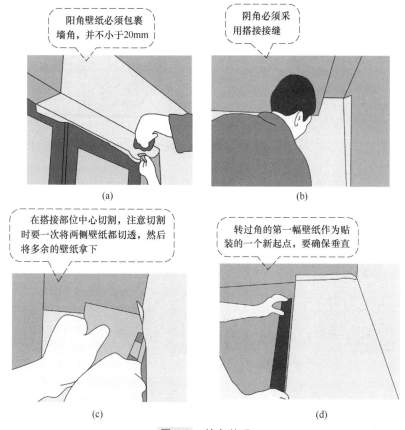

阳角壁纸必须包裹墙角，并不小于20mm

阴角必须采用搭接接缝

在搭接部位中心切割，注意切割时要一次将两侧壁纸都切透，然后将多余的壁纸拿下

转过角的第一幅壁纸作为贴装的一个新起点，要确保垂直

(a)　　　　　　　　(b)

(c)　　　　　　　　(d)

图 4-8　墙角处理

> **注意事项**：由于墙角很少有特别垂直的，而且壁纸干燥后要收缩，因此不能用整幅壁纸包裹墙角，应两面墙分开贴装。

⑧ 特殊部位处理

a. 窗台部位的处理（图 4-9）

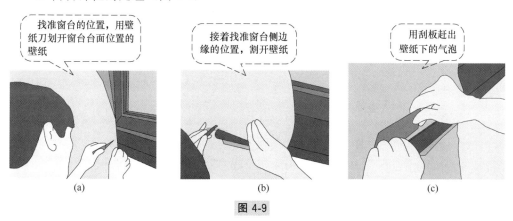

找准窗台的位置，用壁纸刀划开窗台台面位置的壁纸

接着找准窗台侧边缘的位置，割开壁纸

用刮板赶出壁纸下的气泡

(a)　　　　　　　　(b)　　　　　　　　(c)

图 4-9

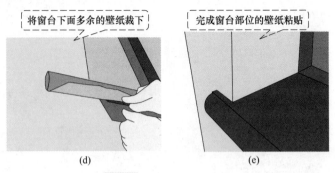

图 4-9　窗台部位的处理

b. 开关部位的处理（图 4-10）

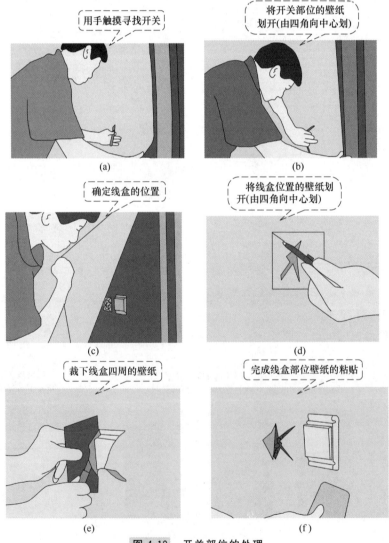

图 4-10　开关部位的处理

c. 对气泡、细缝等做细致的检查、处理（图 4-11 和图 4-12）

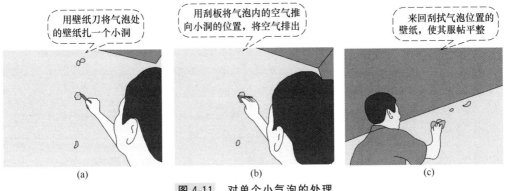

图 4-11　对单个小气泡的处理

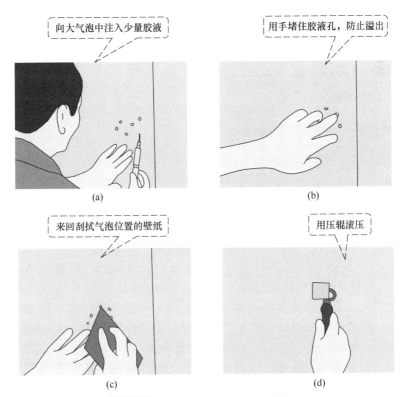

图 4-12　对大气泡或密集气泡的处理

4.2　装饰贴膜粘贴施工工艺

4.2.1　装饰贴膜基材处理

粘贴装饰贴膜不同基材面层处理工艺见表 4-1。

表 4-1　粘贴装饰贴膜不同基材面层处理工艺

处理工艺	基 材 面 层				
	密度板、胶合板	石膏板、硅酸钙板、石棉板	PVC 涂装钢板	水泥砂浆	烤漆铜板、铝板、不锈钢板
预处理	去除钉头或使其低于板材表面			灰刀铲平，干燥表面	去除表面灰尘
使用涂料	无需使用或使用木工白胶、聚氨酯类涂料、硝基涂料	木工白胶或聚氨酯类涂料	无需使用	硝基涂料、乙烯基涂料、乳胶漆	无需使用
腻子补平	石膏粉、乳胶腻子等补平粗糙表面、接缝、钉孔等		腻子	石膏粉、乳胶腻子等补平粗糙墙体	腻子
抛光砂平	100～180 号砂纸			砂轮磨平焊缝等，100～180 号砂纸抛光	
表面清洁	酒精				
使用底涂剂	溶剂型底涂剂	水性或溶剂型底涂剂	溶剂型底涂剂		
	整面涂布				仅在边缘涂布

注：底层涂料是两液型，用 1∶1 混合使用，底层涂料在低温时也有良好的黏着力。冬季或初期黏着力不良时，用合成橡胶胶黏剂稀释 2～3 倍使用。

4.2.2　装饰贴膜粘贴施工操作

（1）平面的基本粘贴　步骤如下。

① 量尺寸、裁剪　首先必须正确测量出粘贴部分面积，再将测量后面积预留40～50mm 后裁剪下来，裁剪作业必须在平滑的作业板上进行。

② 确定位置　将装饰贴膜放在粘贴的基材上，确定粘贴位置，位置决定后，不可稍有移动。特别是粘贴面积大时，必须是衬纸由顶端撕下 50～100mm 后往后折，拇指则由上轻压装饰贴膜，使其与基层板紧密贴合。

③ 粘贴　沿着往后折的衬纸顶端，开始由下而上，用刮板加压装饰贴膜，使其与基层板紧密贴合，加压时必须由中央部分开始，再向两旁刮平。顺势将衬纸撕下200～300mm，在装饰贴膜轻轻向下张开之际，由上至下加压粘贴，此时，不必刻意将衬纸往后折，可利用其撕下后产生弹力，避免造成胶的粘贴前与基材有沾黏的现象发生，以利作业顺利进行。整体再一次加压，特别是顶端部分必须加压。

④ 气泡处理　若在作业过程中产生较大气泡，则必须撕下有气泡部分重新再粘贴，并以刮板加压结合。小气泡则用图钉刺破，再用刮板将气泡或胶液挤出后再刮平。

⑤ 完成　将最后多余的部分裁下，完成粘贴。

（2）阳角的粘贴　步骤如下。

① 基本处理（图 4-13）

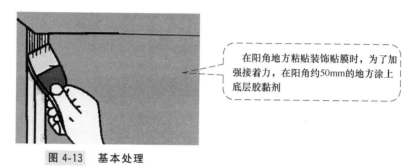

> 在阳角地方粘贴装饰贴膜时，为了加强接着力，在阳角约50mm的地方涂上底层胶黏剂

图 4-13　基本处理

② 量尺寸、裁剪和确定位置按平面基本粘贴程序中的①、②进行。

③ 粘贴（图 4-14）

> 粘贴首先从阳角部分面积较广的地方开始贴起

> 贴阳角时，应一边轻轻拉开装饰贴膜，一边加压粘贴，不要产生气泡或太松

(a)   (b)

> 其他地方轻轻向上提，一边拉开，一边加压粘贴

> 全部再用力按压一次，特别是角落和边缘的地方要仔细加压使其粘贴

(c)   (d)

图 4-14　粘贴

④ 气泡的处理与完成　按平面基本粘贴程序中的④、⑤进行。

（3）阴角的粘贴　步骤如下。

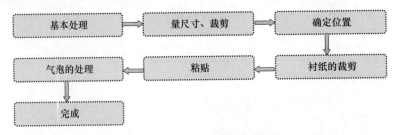

① 基本处理、量尺寸、裁剪和确定位置同阳角做法。

② 衬纸的裁剪（图 4-15）

事先将阴角的衬纸割开

图 4-15　衬纸的裁剪

③ 粘贴（图 4-16）

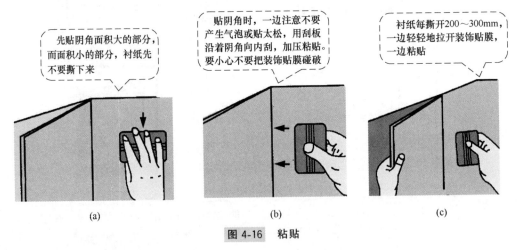

先贴阴角面积大的部分，而面积小的部分，衬纸先不要撕下来

贴阴角时，一边注意不要产生气泡或贴太松，用刮板沿着阴角向内刮，加压粘贴。要小心不要把装饰贴膜碰破

衬纸每撕开200～300mm，一边轻轻地拉开装饰贴膜，一边粘贴

(a)　　　　　　　(b)　　　　　　　(c)

图 4-16　粘贴

全部再用力压一次，特别是边缘和角落的地方要特别仔细。

④ 气泡的处理和完成按平面基本粘贴程序中的④、⑤进行。

（4）装饰贴膜的清洁

① 使用工业商用合成洗涤剂，不使用有机溶剂、强酸性（pH＜3）或强碱性（pH＞11）清洁剂。

② 应使用软布或清洁的海绵进行清洁，不要使用含研磨材料的海绵或清洁布。用水洗净所有残留的清洁剂。

4.3 软包施工工艺

4.3.1 基层处理

(1) 在需做软包的墙面上按设计要求的纵横龙骨间距进行弹线，设计无要求时，间距一般控制在 400～600mm 之间。再按弹好的线用电锤打孔，孔间距小于 200mm、孔径大于 12mm、深不小于 70mm，然后将经过防腐处理的木砖打入孔内。

(2) 墙面为抹灰基层或临近房间较潮湿时，做完木砖后必须对墙面进行防潮处理，一般在砌体上先抹 20mm 厚 1:3 水泥砂浆，然后刷底子油做一毡二油防潮层。

(3) 软包门扇的基层面底油涂刷不得少于两道，拉手及门锁应后装。

4.3.2 基层测量放线

根据设计图纸要求，把该房间需要软包墙面的装饰尺寸、造型等通过吊直、套方、找规矩、弹线等工序，把实际设计的尺寸与造型放样到墙面基层上。

4.3.3 龙骨、基层板安装

(1) 在事先预埋的木砖上用木螺钉安装木龙骨（图 4-17），木螺钉长度应为龙骨高度+40mm。木龙骨必须先做防腐处理，然后再将表面做防火处理。安装龙骨时，必须边安装边用不小于 2m 的靠尺进行调平，龙骨与墙面的间隙用经防腐处理过的木楔塞实，木楔间隔应不大于 200mm，安装完的龙骨表面不平整度在 2m 范围内应小于 2mm。

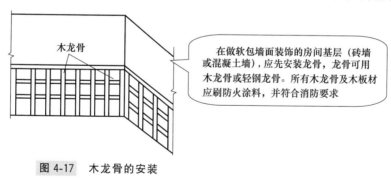

木龙骨

在做软包墙面装饰的房间基层（砖墙或混凝土墙），应先安装龙骨，龙骨可用木龙骨或轻钢龙骨。所有木龙骨及木板材应刷防火涂料，并符合消防要求

图 4-17　木龙骨的安装

(2) 在木龙骨上铺钉基层板，基层板在设计无要求时宜采用环保细木工板或环保九厘板，铺钉用钉的长度应为基层板厚+20mm。墙面为轻钢龙骨石膏板或轻钢龙骨玻镁板时，可以不安装木龙骨，直接将底板钉粘在墙面上，铺钉用自攻钉，自攻钉长度为底板厚+石膏板或玻镁板厚+10mm，自攻钉必须固定到墙体的轻钢龙骨上。

(3) 门扇软包不需做基层板，直接进行下道工序。

4.3.4 整体定位、弹线

根据设计要求的装饰分格、造型等尺寸在安装好的底板上进行吊直、套方、找规矩、弹控制线等工作，把图纸尺寸与实际尺寸相结合后，将设计分格与造型按 1：1 比例反映到墙、柱面的底板或门扇上。

4.3.5 内衬及预制镶嵌块施工

（1）预制镶嵌软包

① 要根据弹好的控制线进行衬板制作和内衬材料粘贴。衬板按设计要求选材，设计无要求时，应采用 5mm 的环保型多层板，按弹好的分格线尺寸进行下料制作。

② 硬边拼缝的衬板如边缘有斜边或其他造型要求时，则在衬板边缘安装相应形状的木边框，如图 4-18 所示。

③ 衬板做好后应先上墙试装，以确定其尺寸是否正确，分缝是否通直、不错台、木条高度是否一致、平顺，然后取下来在衬板背面编号，并标注安装方向，在正面粘贴内衬材料。

④ 硬边拼缝的衬板内衬填充料的材质、厚度按设计要求选用，设计无要求时，材质必须是阻燃环保型，厚度应大于 10mm，如图 4-19 所示。

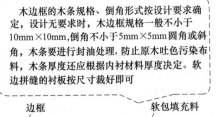

木边框的木条规格、倒角形式按设计要求确定，设计无要求时，木边框规格一般不小于 10mm×10mm，倒角不小于 5mm×5mm 圆角或斜角，木条要进行封油处理，防止原木吐色污染布料，木条厚度还应根据内衬材料厚度决定。软边拼缝的衬板按尺寸裁好即可

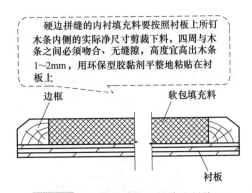

硬边拼缝的内衬填充料要按照衬板上所钉木条内侧的实际净尺寸剪裁下料，四周与木条之间必须吻合、无缝隙，高度宜高出木条 1～2mm，用环保型胶黏剂平整地粘贴在衬板上

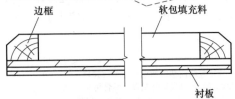

边框　　　软包填充料

衬板

图 4-18 边缘有斜边或其他造型
要求时的衬板安装要求

边框　　　软包填充料

衬板

图 4-19 硬边拼缝的内衬填充料施工

⑤ 软边拼缝的内衬材料按衬板尺寸剪裁下料，四周剪裁、粘贴必须整齐，与衬板边平齐，最后用环保型胶黏剂平整地粘贴在衬板上。

（2）直接铺贴和门扇软包　直接铺贴和门扇软包应待墙面细木装修和边框完成、油漆作业基本完成、基本达到交活条件，再按弹好的线对内衬材料进行剪裁下料，然后直接将内衬材料粘贴在底板或门扇上。铺贴好的内衬材料表面必须平整，分缝必须顺直整齐。

4.3.6 面料铺装

（1）面料下料及预处理　织物和人造革一般情况下不宜进行拼接，采购订货时要充分考虑设计分格、造型等对幅宽的要求。

而皮革由于受幅面影响，使用前必须进行拼接下料，拼接时各块的几何尺寸不宜过小，并必须使各块皮革的鬃眼方向保持一致，接缝形式应符合设计和规范要求。

用于蒙面的织物、人造革的花色、纹理、质地必须符合设计要求，同一场所必须使用同一匹面料。面料在蒙铺之前必须确定正、反面，面料的纹理及纹理方向，在正放情况下，织物面料的经纬线应垂直和水平。用于同一场所的所有面料，纹理方向必须一致，尤其是起绒面料，更应注意。织物面料要先进行拉伸熨烫，再进行蒙面上墙。

（2）面层的铺装方法　面层的铺装方法主要有整体铺装法和分块固定两种形式。此外尚有成卷铺装法、压条法、平铺泡钉压角法等。

① 整体铺装法　用钉将填塞了软包材料的人造革（皮革）包固定在墙筋位置上，用电化铝帽头钉按分格尺寸进行固定。也可采用不锈钢、铜和木条进行压条分格固定。

② 分块固定法　将皮革或人造革与夹板按设计要求分格、划块后按划块的大小进行预裁，并固定在墙筋位置上。安装时以五夹板压住皮革或人造革面层，压边20～30mm，用圆钉钉在墙筋位置上，然后将皮革或人造革与夹板之间填入填充材料进行包覆固定。

（3）预制镶嵌衬板蒙面及安装

① 面料有花纹图案时，应先包好一块作为基准，再按编号将与之相邻的衬板面料准花纹后进行裁剪。

② 面料裁剪应根据衬板尺寸确定，织物面料剪裁好以后，要先进行拉伸熨烫，再蒙到已贴好的内衬材料的衬板上，从衬板的反面用 U 形气钉和胶黏剂进行固定。

③ 蒙面料时要先固定上下两边（即织物面料的经线方向），四角叠整规矩后，再固定另外两边。蒙好的衬板面料应绷紧、无褶皱，纹理拉平拉直，各块衬板的面料绷紧度要一致。软包节点可分为带边框软包节点（图 4-20）和不带边框软包节点（图 4-21）。

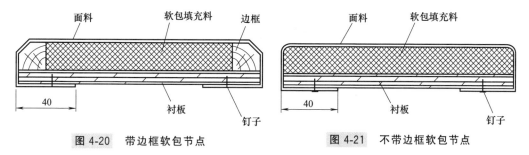

图 4-20　带边框软包节点　　　　图 4-21　不带边框软包节点

④ 将包好面料的衬板逐块检查，确认合格后，按衬板的编号对号进行试安装，经试安装确认无误后，用钉粘结合的方法（即衬板背面刷胶，再用螺钉从布纹缝隙钉入，必须注意气钉不要打断织物纤维），固定到墙面底板上。

（4）直接铺贴和门扇软包面层施工　按已弹好的分格线和设计造型，确定出面料分缝定位点，把面料按定位尺寸进行剪裁，剪裁时要注意相邻两块面料的花纹和图案必须吻合。将剪裁好的面料蒙铺到已贴好内衬材料的门扇或墙面上，把下端和两侧位置调整合适后，用压条先将上端固定好，然后固定下部和两侧。

四周固定后，若设计要求有压条或装饰钉时，按设计要求钉好压条，再用电化铝帽头钉或其他装饰钉梅花状进行固定。

4.3.7　理边、修整

清理接缝、边沿露出的面料纤维，调整接缝不顺直处。开设、修整各设备安装孔，安装镶边条，安装贴脸或装饰物，修补各压条上的钉眼，修刷压条、镶边条油漆，最后擦拭、清扫浮灰。

4.3.8　完成其他涂饰

软包面施工完成后，要对其周边的木质边框、墙面以及门扇的其他几个面做最后一遍油漆或涂饰，以使其整个室内装修效果完整、整洁。

经验指导：① 接缝不垂直、不水平　相邻两面料的接缝不垂直、不水平，或虽接缝垂直但花纹不吻合，或不垂直不水平等，是因为在铺贴第一块面料时，没有认真进行吊垂直和对花、拼花，因此在开始铺贴第一块面料时必须认真检查，发现问题及时纠正。特别是在预制镶嵌软包工艺施工时，各块预制衬板的制作、安装更要注意对花和拼花。

② 花纹图案不对称　有花纹图案的面料铺贴后，门窗两边或室内与柱子对称的两块面料的花纹图案不对称，是因为面料下料宽狭不一或纹路方向不对，造成花纹图案不对称。预防办法是通过做样板间，尽量多采取试拼的措施，找出花纹图案不对称问题的原因，进行解决。

③ 离缝或亏料　相邻面料间的接缝不严密，露底称为离缝。面料的上口与挂镜线，下口与台度上口或踢脚线上口接缝不严密，露底称为亏料。离缝主要原因是面料铺贴产生歪斜，出现离缝。上下口亏料的主要原因是面料剪裁不方、下料过短或裁切不细、刀子不快等原因造成。

④ 面层颜色、花形、深浅不一致　主要是因为使用的不是同一匹面料，同一场所面料铺贴的纹路方向不一致，解决办法为施工时认真进行挑选和核对。

⑤ 周边缝宽窄不一致　主要原因是制作、安装镶嵌衬板过程中，施工人员不仔细，硬边衬板的木条倒角不一致，衬板裁割时边缘不直、不方正等。解决办法就是强化操作人员责任心，加强检查和验收工作。

⑥ 压条、贴脸及镶边条宽窄不一、接槎不平、扒缝等　主要原因是选料不精，木条含水率过大或变形，制作不细，切割不认真，安装时钉子过稀等，解决办法是在施工时，坚决杜绝不是主料就不重视的错误观念，必须重视压条、贴脸及镶边条的材质以及制作、安装过程。

5
玻璃裁割加工及安装

5.1 玻璃裁割

5.1.1 裁割准备

运进的原箱玻璃要靠墙紧挨立放，暂不开箱的要用板条互相搭好钉牢，以免动摇倾倒，如图 5-1 所示。

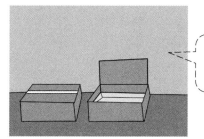

> 开箱取玻璃时应逐块分开取出。玻璃取出后，应擦净上面的灰尘污物，其表面如有白色斑点，可用棉花蘸酒精或煤油擦净，然后再进行裁割

图 5-1　原箱玻璃的处理

直尺的两边必须平直整齐，其长度应大于玻璃的长度。角尺应检查其本身是否方正。玻璃刀（金刚石）（图 5-2）应检查其刃口是否锋利。

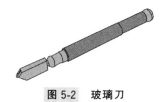

图 5-2　玻璃刀

5.1.2 裁割矩形玻璃

玻璃裁割规格按设计尺寸或实测尺寸，长宽各缩小一个裁口宽度的 1/4。裁割矩形玻璃步骤如图 5-3 所示。

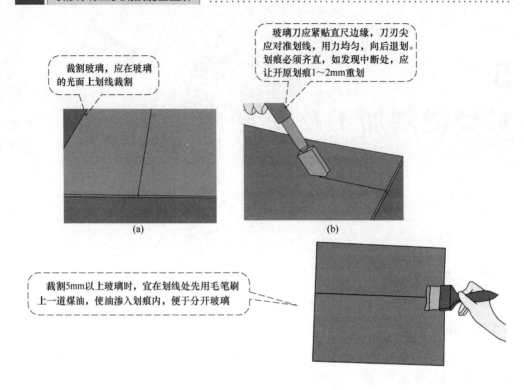

裁割玻璃，应在玻璃的光面上划线裁割

玻璃刀应紧贴直尺边缘，刀刃尖应对准划线，用力均匀，向后退划。划痕必须齐直，如发现中断处，应让开原划痕1～2mm重划

(a)   (b)

裁割5mm以上玻璃时，宜在划线处先用毛笔刷上一道煤油，使油渗入划痕内，便于分开玻璃

(c)

图 5-3　裁割矩形玻璃

经验指导：裁割时应握稳刀头，用力要大一些，速度也要快一些，以防划痕弯曲。

5.1.3　裁割玻璃条

裁割玻璃条如图 5-4 所示。

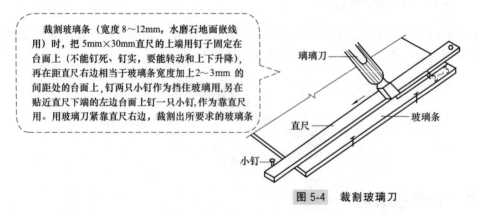

裁割玻璃条（宽度 8～12mm，水磨石地面嵌线用）时，把 5mm×30mm直尺的上端用钉子固定在台面上（不能钉死、钉实，要能转动和上下升降），再在距直尺右边相当于玻璃条宽度加上 2～3mm 的间距处的台面上，钉两只小钉作为挡住玻璃用，另在贴近直尺下端的左边台面上钉一只小钉，作为靠直尺用。用玻璃刀紧靠直尺右边，裁割出所要求的玻璃条

璃璃刀

直尺

玻璃条

小钉

图 5-4　裁割玻璃刀

取出玻璃条后，再把大块玻璃向前推到碰住钉子为止，靠好直尺又可继续进行裁割。

5.1.4　裁割异形玻璃

异形玻璃的裁割如图 5-5 所示。

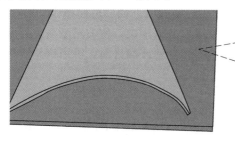

裁割异形玻璃时，可根据设计要求将需要的异形图案用硬纸或薄胶合板制成样板或套板(样板或套板尺寸应考虑玻璃刀刃口的留量)，然后用玻璃刀靠在样板或套板的边缘进行裁割

图 5-5　裁割异形玻璃

在遇有阴角的异形图案时，可用手电钻配合，将直径 3mm 的超硬合金钻头，在图形的阴角处，用低转速钻孔，在起钻和快穿透时，更应细心，钻进速度应缓慢而均匀。钻时应用水或酒精冷却钻头。钻眼后，再用玻璃刀沿线裁割。

5.1.5　裁割弧形玻璃

裁割弧形玻璃应先做木样板（样板尺寸应考虑玻璃刀刃口的留量），用玻璃刀沿样板边缘划线。

裁割圆形玻璃可用半径或调节的专用圆规划线，然后用玻璃刀沿线裁割。裁割可采用以下两种方法，如图 5-6 所示。

根据设计圆形的大小，在玻璃上画好垂直线定出圆心，把圆规刀底座的小吸盘放在圆心中间，然后随圆弧裁划到终点。裁通后，从玻璃背面敲裂，把圆外部分先取下 1/4，再逐块取下

在玻璃圆心上粘贴胶布5~6层，用10mm 厚、600mm 长、25mm 宽的杉木棒，将一枚大头针穿过杉木条的一端钉进胶布层内固定（玻璃刀与大头针的距离等于所裁圆的半径）。玻璃刀紧靠着杉木棒尽头，以大头针为固定圆心，握稳玻璃刀随圆弧划到终点，然后敲裂取下碎块玻璃

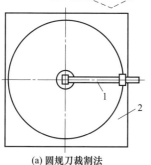

(a) 圆规刀裁割法
1—圆规刀；2—玻璃

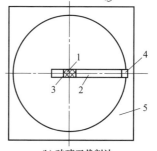

(b) 玻璃刀裁割法
1—玻璃圆心粘贴5~6层胶布；2—杉木棒；
3—大头针穿过木条并钉进胶布层内固定；
4—玻璃刀；5—玻璃

图 5-6　裁割弧形玻璃

5.1.6　裁割后分开玻璃的方法

　　一般 2～3mm 玻璃，划线后将玻璃上的划痕移到工作台边，一手按住台面上的玻璃，一手握住伸出的玻璃向下轻轻压折。划 5mm 以上的厚玻璃操作见图 5-7。

　　夹丝玻璃应先将玻璃沿划痕在工作台边用力向下压折，使玻璃沿划痕裂开，再在裂缝内垫薄木片，然后将下垂的玻璃向上抬，使夹丝玻璃自断，再用钢丝钳将夹丝头压倒，并将裁口两边的尖棱刮光。

> 5mm 以上的厚玻璃，应先用玻璃刀头，向划痕一端轻敲震裂，然后移向台边向下压折，并将尖棱刮光

图 5-7　划 5mm 以上的厚玻璃

　　经验指导： ① 玻璃裁割前应仔细核对其尺寸，应根据各种玻璃的形状，适当缩小裁割尺寸，还要考虑玻璃刀裁口与靠尺的间隙（一般可按 2mm 预留），以便于安装。

　　② 玻璃宜集中裁割，边缘不得有缺口和斜曲。

　　③ 两块玻璃之间有水而黏合时，用铲刀轻轻将一角先撬开，慢慢向里移动，便可全部撬开。

　　④ 裁割后分开玻璃时，应用小木槌在划痕的背面沿痕轻轻敲裂，直至完全分开。

　　⑤ 裁口边条太窄时，可在一头先敲出裂痕，再用钢丝钳垫软布扳脱。

　　⑥ 裁好的玻璃，应分类按规格靠墙斜立，下面应垫木块或草包。边条应集中整理堆放，以便利用。

5.2　玻璃加工

5.2.1　玻璃磨边、打槽

　　(1) 玻璃磨边　其厚度一般在 5mm 以上。磨边后玻璃边角应圆浑、均匀、平直光滑，无凹坑，磨边处宜涂擦清色润滑油一遍。所有玻璃磨边必须由磨边机器完成，不得由手工进行操作。

　　(2) 玻璃打槽　见图 5-8。

将玻璃平放在工作台上，划出槽的长宽尺寸墨线，将电动或手摇砂轮机固定在工作台架上，选用边缘厚度稍小于槽宽的细金刚砂轮机(转速不宜太快太猛)，边磨边加水，直至达到需要的槽口深度

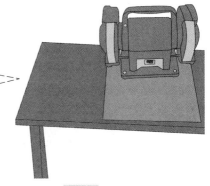

图 5-8　玻璃打槽

5.2.2　玻璃钻孔

（1）直径较小的圆孔　可以用电动砂轮钻孔直接打眼。钻孔机有不同直径的刀头。确定圆心位置后，将钻孔机对准圆心转动钻孔，当钻孔深度超过玻璃厚度 1/2 时，应停转反面再钻，直至钻透为止。

（2）较大洞眼可划线开孔（图 5-9）　先按玻璃开孔的尺寸做好套板（孔径尺寸应考虑玻璃刀刃口的留量），将套板对准玻璃开孔位置，用玻璃刀沿套板划线裁割，并从背面将其敲击裂开。孔边需磨光时，可用机械打磨。如是钢化玻璃必须在以上工序完成后再进行钢化。

洞眼较大时，可在圈内正反两面用玻璃刀划上几条相互交叉的直线，然后用玻璃刀头或小锤敲裂，使玻璃敲碎裂成小块后取下，最后形成所需的孔洞

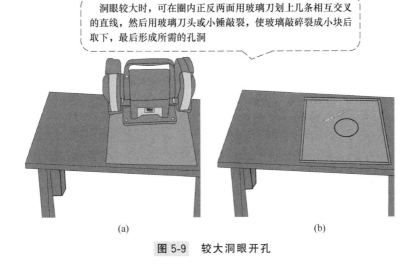

(a)　　　　　　　　　　　　　　　(b)

图 5-9　较大洞眼开孔

5.2.3　玻璃刻蚀

用氢氟酸溶解需刻蚀的玻璃表面，而得到与光面不同的毛面花纹图案或字体，操作时多采用石蜡保护玻璃表面上不需要刻蚀的部分，操作过程中要戴上胶皮手套，并

勿使氢氟酸溶液接触皮肤和眼睛。

（1）刻蚀准备

① 涂石蜡（图5-10）。

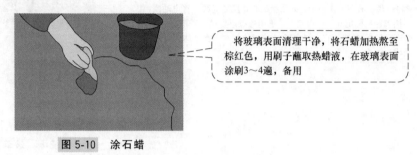

将玻璃表面清理干净，将石蜡加热熬至棕红色，用刷子蘸取热蜡液，在玻璃表面涂刷3～4遍，备用

图 5-10　涂石蜡

② 配刻蚀液：用浓度为99％的氢氟酸：蒸馏水＝3：1的配合比配好溶液，贴上标签，备用。

③ 做好花纹、图案（图5-11）

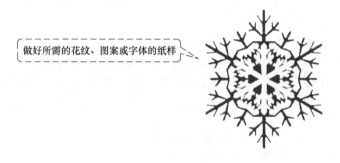

做好所需的花纹、图案或字体的纸样

图 5-11　做好花纹、图案

（2）操作方法　操作方法如图5-12所示。

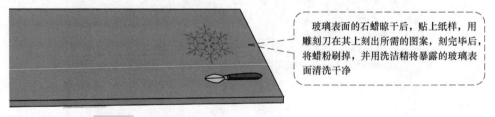

玻璃表面的石蜡晾干后，贴上纸样，用雕刻刀在其上刻出所需的图案，刻完毕后，将蜡粉刷掉，并用洗洁精将暴露的玻璃表面清洗干净

图 5-12　玻璃刻蚀

用干净毛笔蘸取配制好的氢氟酸溶液，均匀地刷在图案上面15～20min后，可见图案表面有一层白色粉状物，把白粉掸掉，再刷一遍，再掸掉白粉，如此反复，直至达到所要求的效果。刷氢氟酸的遍数越多，图案的花纹就越深。根据经验，夏季约需 4h，春秋约需 6h，冬季则需 8h。

待字体花纹全部刻蚀完成后，把石蜡全部刮除干净，并用洗洁精洗净玻璃表面。

5.3 门窗玻璃安装

5.3.1 塑料门窗安装玻璃

（1）玻璃的层数、品种及规格应符合设计要求。单片镀膜玻璃的镀膜层及磨砂玻璃的磨砂层应朝向室内；镀膜中空玻璃的镀膜层应朝向中空气体层。

根据住房和城乡建设部推广和禁用项目技术公告的规定，塑料门窗使用双层以上（含双层）玻璃的必须使用中空玻璃。为了防止镀膜玻璃被雨水浸蚀、磨砂玻璃被污染，要求镀膜玻璃的镀膜层和磨砂玻璃的磨砂层应朝向室内。当使用 Low-E 中空玻璃时，对于以遮阳、隔热为主的南方，镀膜面宜放置在第二面（从室外侧算）；对于以保温为主的严寒地区，镀膜面宜放置在第三面。

（2）先将黏附在玻璃、塑料门窗框表面的尘土、油污等污染物和水膜擦除，并将玻璃槽口内的灰渣、异物清除干净，冲通排水孔。

（3）玻璃与型材槽口的配合尺寸应符合设计要求，安装前应将玻璃槽口内的杂物清理干净，玻璃的四边应留有间隙，门窗框架允许水平变形量应大于因楼层变形引起的框架变形量，如图 5-13 所示。

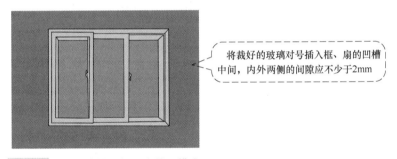

将裁好的玻璃对号插入框、扇的凹槽中间，内外两侧的间隙应不少于2mm

图 5-13　将玻璃插入框、扇的凹槽中

（4）入框的玻璃不得直接接触型材，应在玻璃四边垫上不同作用的垫块，中空玻璃的垫块宽度应与中空玻璃的厚度相匹配，不同作用的玻璃垫块在不同使用功能的门窗中起着承重、支撑、防止倾斜、防掉角等作用。

竖框（扇）上的垫块，应用胶固定；为了防止竖框（扇）上的玻璃垫块脱落，垫块应用胶加以固定，如图 5-14 所示。

（5）玻璃装入框、扇后，应用玻璃压条将其固定，玻璃压条必须与玻璃全部贴紧，压条与型材的接缝处应无明显缝隙，压条角部对接缝隙应小于 1mm，不得在一边使用 2 根（含 2 根）以上压条，且压条应在室内侧，如图 5-15 所示。从防盗及更换玻璃等安全性考虑，玻璃压条应在室内一侧。

（6）密封条质量与安装质量直接影响窗的密封性能。当安装玻璃密封条时，由于密封条老化后易收缩、开裂，所以安装时应使密封条略长于玻璃压条，使其在压力的作用下嵌入型材，这样可以减少由于密封条收缩产生的气密、水密性能下降现象。

密封条与玻璃及玻璃槽口的接触应平整，不得卷边、脱槽，密封条断口接缝应

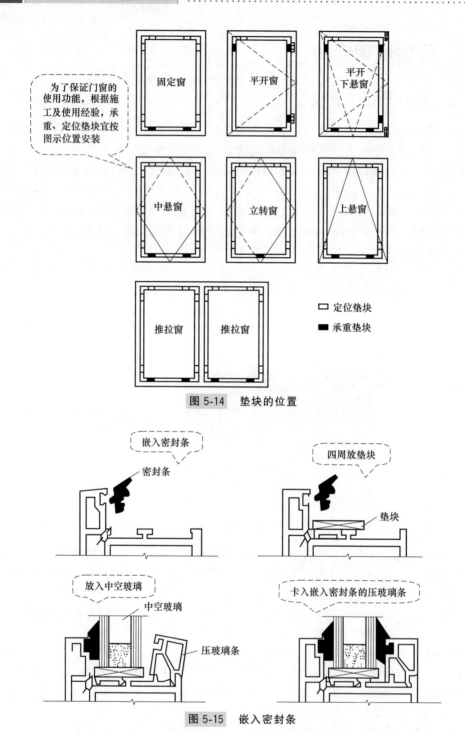

图 5-14 垫块的位置

图 5-15 嵌入密封条

粘接。

门窗开启部分扇、框密封胶条与密封毛条的安装应符合下列规定：

① 密封胶条与密封毛条的断面形状及规格尺寸应与型材断面相匹配；

② 密封胶条与密封毛条镶嵌后应平整、严密、牢固，不得有脱槽现象；

③ 密封胶条与密封毛条单边宜整根嵌装，不应拼接，接口位置应避开雨水直接冲刷处；

④ 密封胶条角部接口处应进行黏结处理。

（7）玻璃应平整、安装牢固，不得有松动现象，内外表面均应洁净。

（8）用棉纱或抹布擦净玻璃表面的污染物，关好门窗扇，以免风吹框扇碰撞震碎玻璃，如图 5-16 所示。

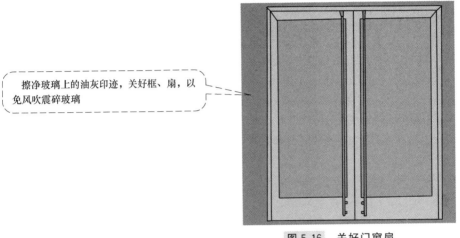

擦净玻璃上的油灰印迹，关好框、扇，以免风吹震碎玻璃

图 5-16　关好门窗扇

5.3.2　钢门窗安装玻璃

（1）将钢框、扇裁口内的灰尘、碎屑、杂物等污垢除干净。钢框、扇如有压弯、翘曲等变形，应经修整合格后方可安装玻璃。

（2）试安装玻璃，使玻璃每边都能压住裁口宽度的 3/4，但每个窗扇的裁口略有大小，同一规格的玻璃也有差异，故应先试后安。试安不合格者应调换，直至合格为止。

（3）用油灰刀在裁口内打油灰底。抹灰应均匀，抹厚 1～3mm，并将裁口内高低填平。5mm 以上的大玻璃，应用橡皮条或毡条嵌垫，但嵌垫材料应略小于裁口，安好后不得明露。

（4）安上玻璃并挤压油灰使之紧贴，使四边有油灰挤出。玻璃安装时，先放下口，再推入上口。

（5）用钢丝卡卡入扇的边框小眼内固定。长卡头压住玻璃，但不得露出油灰外，每边不小于两个，间距不得大于 300mm。

（6）在四边抹上油灰，并用油灰刀或扁铲切成三角斜面，四角成八字形。油灰表面要光滑，不得有中断、起泡、麻点、凹坑等疵病。油灰与玻璃的交线要平直，且与裁口线平行，使人在外看不见裁口，从里面看不见油灰。

（7）采用铁压条固定时，应先取下压条，安入玻璃后，原条原框用螺钉拧紧固定。

（8）采用玻璃橡胶压条粘贴施工时，先将钢框、扇粘贴面擦净，清除油污，再在钢框、扇上均匀涂刷一度胶黏剂，安上玻璃，然后将准备好的橡胶压条粘贴面刷上胶黏剂安上，10min 后用手指均匀地按压压条，使压条贴合。压条的两个粘贴面必须平直，不能在任一粘贴面有凹凸和缺陷。

5.3.3 铝合金门窗安装玻璃

（1）将玻璃槽口内的灰浆渣、异物清除干净，畅通排水孔，并复查框、扇开关的灵活度，如图 5-17 所示。

（2）凹槽垫橡胶垫。框、扇梢内应干燥、洁净，然后将 3mm 厚的氯丁橡胶垫块垫入凹槽内，避免玻璃直接接触框、扇。

（3）玻璃就位。玻璃面积较小，可用双手夹住玻璃就位。如单块玻璃面积较大，应用手提吸盘吸住玻璃就位，如图 5-18 所示。就位的玻璃要摆在凹槽的中间，并应保持有足够的嵌入量。调整好玻璃的垂直水平度，使内外两侧间隙不少于 2mm，也不大于 5mm，避免玻璃直接接触框、扇，以防止因玻璃胀缩发生变形。

> 除去附着玻璃、铝合金表面的尘土、油污等污染物及水膜

> 将已裁割好的玻璃四周磨钝，在铝合金框扇中进行就位

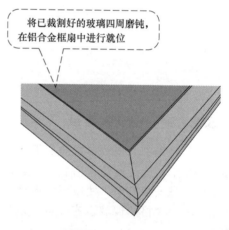

图 5-17　清除玻璃表面污物　　　　　图 5-18　玻璃就位

（4）固定玻璃。当采用橡胶条固定玻璃时，先将橡胶条在玻璃两侧挤紧，再在胶条上面注入聚硅氧烷系列密封胶。胶应均匀、连续地填满在周边内，不得漏胶。当采用橡胶块固定玻璃时，先用 10mm 左右的橡胶块将玻璃挤住，再在其上面注入聚硅氧烷系列密封胶。安装边长的 1/4 处，不少于 2 块。

当采用橡胶压条固定玻璃时，先将橡胶压条嵌入玻璃两侧密封，然后将玻璃挤紧，上面不再注胶，选用橡胶压条时，规格要与槽的实际尺寸相符，其长度不得短于玻璃周缘长度。所嵌的胶条要和玻璃、玻璃槽口紧贴，不得松动；安装不得偏位，不应强行填入胶条，否则会造成玻璃严重翘曲。

玻璃采用密封胶密封时，注胶厚度不应小于 3mm，粘接面应无灰尘、无油污、干燥，注胶应密实、不间断、表面光滑整洁。使用胶枪注胶时，要注得均匀、光滑，

注入深度不小于5mm。

（5）安装中空玻璃和玻璃面积大于0.65m²位于竖框中的玻璃时，应将玻璃搁置在两块相同的定位垫块上。搁置点离玻璃垂直边缘距离不少于玻璃宽度的1/4，且不宜少于150mm；位于扇中的玻璃，按开启方向确定定位垫块的位置。其定位垫块的宽度大于所支撑玻璃件的厚度，长度不小于25mm。

定位垫块下面可设铝合金垫片。垫片和垫片均固定在框扇上，不得采用木质的定位垫块、隔片和垫片。

（6）安装迎风面的玻璃时，玻璃镶入框内后，要及时用通长镶嵌条在玻璃两侧挤紧或用垫片固定，防止遇有较大阵风时使玻璃破损，如图5-19所示。

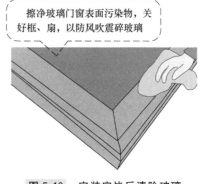

擦净玻璃门窗表面污染物，关好框、扇，以防风吹震碎玻璃

图 5-19 安装完毕后清除玻璃表面污染物

（7）平开门窗的玻璃外侧，要采用玻璃胶填封，使玻璃与铝框连接成整体。胶面向外倾斜30°~40°。

（8）检查垫块、镶嵌条等设置的位置是否合适，防止出现排水通道受阻、泄水孔填塞现象。

5.3.4 涂色镀锌钢板门窗安装玻璃

涂色镀锌钢板框、扇玻璃，一般已在工厂安装，不需在现场安装。但其安装方法与铝合金框、扇基本相同。

如在现场安装，应注意检查涂色镀锌钢板框、扇是否平直，有无翘曲等现象。如有缺陷，应及时整修好才能安装。

5.3.5 木门窗安装玻璃

木门窗安装玻璃施工见图5-20。

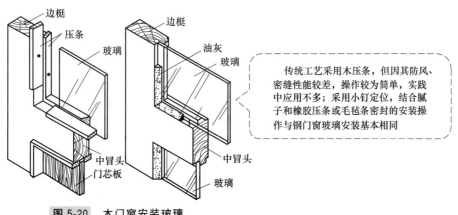

传统工艺采用木压条，但因其防风、密缝性能较差，操作较为简单，实践中应用不多；采用小钉定位，结合腻子和橡胶压条或毛毡条密封的安装操作与钢门窗玻璃安装基本相同

图 5-20 木门窗安装玻璃

5.3.6 彩色、压花玻璃安装

彩色、压花玻璃（图 5-21）安装工艺，基本同钢框、扇玻璃，但安装中应注意以下几点。

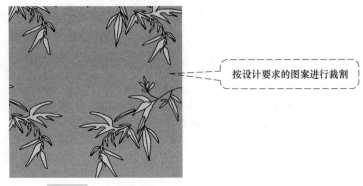

按设计要求的图案进行裁割

图 5-21 压花玻璃

① 玻璃拼缝上下左右图案要吻合，不能错位、斜曲和松动，以免影响美观。

② 压花玻璃应将花纹朝向室外；磨砂玻璃的磨砂面朝向室内；天窗则光面向上；上开或下开的光亮面向上，便于清除积灰。

5.3.7 工业厂房斜天窗安装玻璃

工业厂房斜天窗安装玻璃安装工艺，基本同钢框、扇玻璃，但安装中应注意：工业厂房斜天窗设计无要求时，应用安全玻璃，其安装如图 5-22 所示。

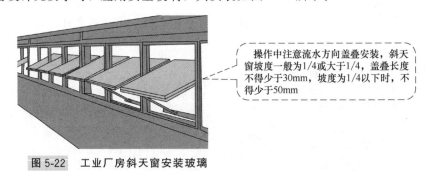

操作中注意流水方向盖叠安装，斜天窗坡度一般为1/4或大于1/4，盖叠长度不得少于30mm，坡度为1/4以下时，不得少于50mm

图 5-22 工业厂房斜天窗安装玻璃

5.4 橱窗玻璃安装

5.4.1 弹线

弹线（图 5-23）时注意校对已做好的预埋铁件位置、数量是否符合设计结构要求，如位置不正确或数量不足时，则应划出其位置，采用金属膨胀螺栓固定铁件（根据设计要求来确定铁件位置尺寸），强度须满足设计要求。

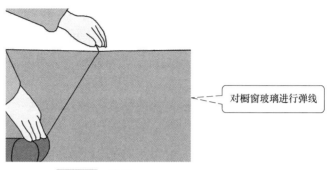

图 5-23 弹线

5.4.2 安装固定玻璃的型钢边框

当预埋铁件位置不符合要求，则应确定要加后置铁件位置，再用膨胀螺栓固定牢固。然后将型钢（可用角钢和扁铁焊接）按已弹好的位置线安放好，要在检查无误后随即与预埋铁件焊牢，边口留有一边先将角钢焊接牢固，待玻璃安装完毕后再将扁铁和角钢焊牢来固定玻璃，如图 5-24 所示。

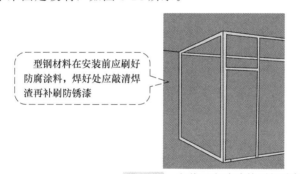

型钢材料在安装前应刷好防腐涂料，焊好处应敲清焊渣再补刷防锈漆

图 5-24 安装固定玻璃的型钢边框

5.4.3 玻璃就位及调整

（1）玻璃就位（图 5-25）。在边框安装好，先将其槽口清理干净，槽口内不得有垃圾或积水，并垫好承重垫块。

用2~3个吸盘把玻璃吸牢，由2~3人手握吸盘同时抬起玻璃,先将玻璃竖着插入上框槽口内,然后轻轻垂直落下,放入下框槽口内

图 5-25 玻璃就位

（2）调整玻璃位置。将玻璃先放置一边的槽口，然后依次安装中间部位的玻璃，到最后一块玻璃安装进入型钢槽口内，再将扁铁和角钢焊接牢固，然后用软木垫块垫实玻璃两边的和型钢之间的空隙，固定好玻璃，两块玻璃之间接缝时应留 5～8mm 的缝隙（如加玻璃肋必须采用不小于 12mm 厚的安全玻璃）。

5.4.4 收头嵌缝打胶装饰

玻璃全部就位，校正平整度、垂直度，一般橱窗安装完毕后的收头用金属板或石板，在金属板或石板安装好后，清理玻璃间隙内的杂物，两边填嵌泡沫条，且结合平直、紧密，然后打密封胶，如图 5-26 所示。

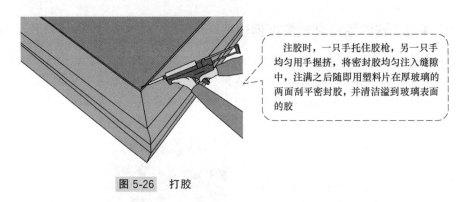

注胶时，一只手托住胶枪，另一只手均匀用手握挤，将密封胶均匀注入缝隙中，注满之后随即用塑料片在厚玻璃的两面刮平密封胶，并清洁溢到玻璃表面的胶

图 5-26　打胶

5.4.5 清洁及成品保护

清洁见图 5-27。

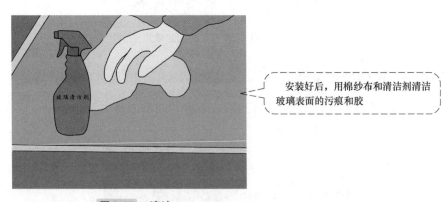

安装好后，用棉纱布和清洁剂清洁玻璃表面的污痕和胶

图 5-27　清洁

在玻璃表面做出醒目标识，以防碰撞玻璃发生意外。

5.5 镜面玻璃安装

镜面玻璃有很多优点，如图 5-28 所示。

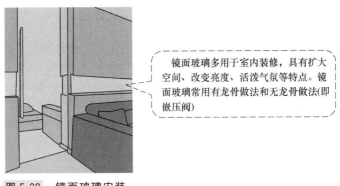

镜面玻璃多用于室内装修，具有扩大空间、改变亮度、活泼气氛等特点。镜面玻璃常用有龙骨做法和无龙骨做法(即嵌压阀)

图 5-28　镜面玻璃安装

5.5.1　基层处理

墙体表面的灰尘、污垢、浮砂、油渍、垃圾、砂浆流痕及飞溅沫等，清除净尽，并洒水湿润。如有缺棱、掉角之处，应用聚合物水泥砂浆修补完整。

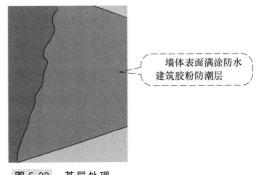

墙体表面涂防潮层（图 5-29）。非清水墙的防潮层厚 4～5mm，至少 3 遍成活。清水墙的防潮层厚 6～12mm，兼作找平层用，至少 3～5 遍成活。

墙体表面满涂防水建筑胶粉防潮层

基层面要平整无空鼓等现象出现，特别是纸面石膏板基层，更要详细检查，用靠尺逐块验收，发现问题要及时修整。

图 5-29　基层处理

5.5.2　墙面定位弹线

墙面定位弹线如图 5-30 所示。

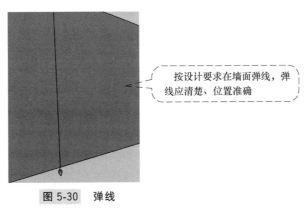

按设计要求在墙面弹线，弹线应清楚、位置准确

图 5-30　弹线

应充分考虑墙面不同材料间关系和留孔位置合理定位。

5.5.3 安装龙骨、固定衬板

（1）木龙骨安装 木龙骨正面刨光，背面刨通长防翘凹槽一道，满涂氟化钠防腐剂一道，防火涂料三道。按中距450mm双向布置，用射钉与墙体钉牢。钉距450mm，钉头须射入木龙骨表面0.5～1mm左右，钉眼用油性腻子填平。须切实钉牢，不得有松动、不实、不牢之处。

龙骨与墙面之间有缝隙之处，须以防腐木片（或木块）垫平塞实。全部木龙骨安装时必须边钉边抄平，整个木龙骨立面垂直度偏差（用2m托线板检查）不得大于3mm；表面平整度偏差（用2m直尺和楔形塞尺检查）不得大于2mm。如有不符之处，应彻底修正。

（2）金属龙骨安装（图5-31） 钻孔安装角钢固定件：角钢固定件上开有长圆孔，以便于施工时调节位置和允许使用情况下的热胀冷缩；在混凝土或砌块墙上钻孔，用膨胀螺栓固定角钢固定件。当需要在钢结构柱或梁上固定时，不能直接将角钢固定件与钢结构相连，以免破坏原钢结构防火保护层。应在需要位置另行焊接转接件再与角钢固定件连接，并应恢复焊接位置的防火保护层。

将金属龙骨固定于墙体(实体墙或轻型墙体)上，金属龙骨的间距根据衬板规格和厚度而定

图 5-31 固定金属龙骨

安装小块镜面多为单向，安装大块镜面可以双向，横竖金属龙骨要求横平竖直，以便于衬板和镜面的固定。钉好后要用长靠尺检查平整度。

（3）衬板安装 采用木夹板作衬板时，用扁头圆钢钉与金属龙骨钉接，钉头要埋入板内。衬板要求表面无翘曲、起皮现象，表面平整、清洁，板与板之间缝隙应在竖向金属龙骨处。

5.5.4 玻璃镜面板安装

玻璃镜面板在施工前应贴保护膜，以防划伤镜面，镜面安装不宜现场在镜面板上打孔拧螺钉，以免引起镜面变形。

玻璃分格块或压条尺寸的确定应依据设计说明和装饰面的面积的形式和大小面积来进行，并且在龙骨安装时就已确定，基层面施工完成后，进行复核放样。玻璃根据现场分割尺寸加工，如现场有条件进行裁割的，可现场加工，但在排布玻璃块时应从中心向边缘扩散，非整块玻璃放在边缘处理。

（1）嵌压法 嵌压式安装玻璃镜面板，可用木压条或金属压条固定。一般不需要龙骨和衬板。

如采用木压条固定玻璃，最好用20～35mm的射钉枪来固定，避免用普通圆钉钉压条时震破玻璃。

如采用金属压条固定时最好用木螺丝，如采用无钉工艺，可先用木衬条卡住玻璃后，再用万能胶将金属压条粘卡在木衬条上，然后用玻璃胶把金属压条与玻璃角部封严。

（2）玻璃钉法　用玻璃钉直接把玻璃固定在木龙骨或钢龙骨上，每块玻璃板上至少四个孔，且孔直径小于钉端头直径 3mm，孔位应均匀布置，孔心离玻璃边距离不得小于 4cm，以防应力集中而使玻璃的边角脆裂。

对于顶棚遇有阳角时（垂直面），玻璃面可采用角线托边、角线收边或护角方法。

（3）粘接与玻璃钉法　采用双重固定方法主要适用于大块玻璃。其安装要点如下。

将饰面玻璃的背面清除污垢尘土，清除后再刷一层白乳胶，再用一张薄的牛皮纸贴在饰面玻璃背后，并用塑料片刮平整，如图 5-32 所示。

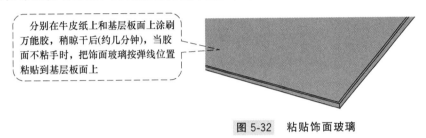

分别在牛皮纸上和基层板面上涂刷万能胶，稍晾干后(约几分钟)，当胶面不粘手时，把饰面玻璃按弹线位置粘贴到基层板面上

图 5-32　粘贴饰面玻璃

经验指导：粘贴饰面玻璃时用手抹压玻璃面，必须使其严密牢靠，避免有空鼓不实的现象。粘好后再用玻璃钉将每块饰面玻璃至少 4 点固定，装钉的方法同玻璃钉固定。

6
装修涂裱施工常见问题处理

（1）析出

① 病疵原因

a. 硝基漆类使用过量的苯类溶剂稀释；

b. 环氧酯漆类用汽油稀释。

② 处理方法

a. 添加酯类溶剂挽救；

b. 用苯、甲苯、二甲苯或丁醇与二甲苯稀释。

图 6-1　起粒（粗粒）

② 处理方法

a. 施工前打扫场地，工件揩抹干净；

b. 涂漆前检查刷子，如有杂质，用刮子铲除毛刷内脏污物；

c. 细心用刮子去掉漆皮，并将漆过滤；

d. 喷硝基漆最好用专用喷枪，如用油性漆喷枪喷硝基漆，事先要清洗干净。

（3）流挂（图 6-2）

① 病疵原因

（2）起粒（粗粒）（图 6-1）

① 病疵原因

a. 施工环境不清洁，尘埃落于漆面；

b. 涂漆工具不清洁，漆刷内含有灰尘颗粒、干燥碎漆皮等杂质，涂刷时杂质随漆带出；

c. 漆皮混入漆内，造成漆膜呈现颗粒；

d. 喷枪不清洁，用喷过油性漆的喷枪喷硝基漆时，溶剂将漆皮咬起成渣带入漆中。

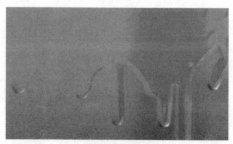

图 6-2　流挂

a. 刷漆时，漆刷蘸漆过多又未涂刷均匀，刷毛太软漆液又稠，涂不开，或刷毛短漆液又稀；

b. 喷涂时漆液的黏度太低，喷枪的出漆嘴直径过大，气压过小，勉强喷涂，距离物面太近，喷枪运动速度过慢，油性漆、烘干漆干燥慢，喷涂太重叠；

c. 浸涂时，黏度过大涂层厚会流挂，有沟、槽形的零件易于存漆也会溢流，甚至涂件下端形成珠状不易干透；

d. 涂件表面凸凹不平，几何形状复杂；

e. 施工环境湿度高，涂料干燥太慢。

② 处理方法

a. 漆刷蘸漆一次不要太多，漆液稀刷毛要软，漆液稠刷毛宜短，刷涂厚薄要适中，涂刷要均匀，最后收理好；

b. 漆液黏度要适中，喷硝基漆喷嘴直径略大一点，气压为 $4\sim5kg/cm^2$，距离工件约 20cm，喷油性漆喷嘴直径略小一点，距离工件 $200\sim300mm$，油性漆或烘干漆不能过于重叠喷涂；

c. 浸涂黏度以 $18\sim20s$ 为宜，浸漆后用滤网放置 20min，再用离心设备及时除去涂件下端及沟槽处的余漆；

d. 可以选用刷毛长、软硬适中的漆刷；

e. 根据施工环境条件，先做涂膜干燥试验。

（4）慢干和返黏

① 病疵原因

a. 底漆未干透，过早涂上面漆，甚至面漆干燥也不正常，影响内层干燥，不但延长干燥时间，而且漆膜发黏；

b. 被涂物面不清洁，物面或底漆上有蜡质、油脂、盐类、碱类等；

c. 漆膜太厚，氧化作用限于表面，使内层长期没有干燥的机会，如厚的亚麻仁油制的漆涂在黑暗处要发黏数年之久；

d. 木材潮湿，温度又低，涂漆时表面似乎正常，气温升高时就有返黏现象，因木材本身有木质素，还含油脂、树脂精油、单宁、色素、含氮化合物等，会与涂料作用；

e. 因旧漆膜上附着大气污染物（硫化、氮化物），能正常干燥的涂料，涂在旧漆膜上干燥很慢，甚至不干。住宅厨房的门窗尤为突出。预涂底漆放置时间长有慢干现象；

f. 天气太冷或空气不流通，使氧化速度降低，漆膜的干燥时间延长。如果干燥时间过长，必定导致返黏。

② 处理方法

a. 底漆要干透才能涂面漆；

b. 涂漆前将涂件表面处理干净，木材上松脂节疤，处理干净后用虫胶清漆封闭；

c. 涂料黏度要适中，漆膜宜薄，底漆未干透不加面漆，第一层面漆未干透，不加第二层面漆，根据使用环境，选用相适应的涂料；

d. 木材必须干燥，含水量最高不超过 15％。必要时木材可进行低温烘干，有松脂的在涂漆前用虫胶清漆封闭，涂漆不宜过厚，涂漆多层时待每一层漆干透后再加漆；

e. 旧漆膜应进行打磨及清洁处理，对大气污染的旧漆膜用石灰水清洗（50kg 水加消石灰 3～4kg），有污垢的部位还要用刷子刷一刷，油污太多时，可用汽油抹洗；

f. 天气骤冷时，不要急于涂漆，应先在漆内加入适量催干剂并充分搅拌均匀待用，再做涂膜干燥试验，如不准确再行调整，待干燥可靠后再涂漆。

（5）针孔（图 6-3）

图 6-3　针孔

① 病疵原因

a. 涂漆后在溶剂挥发到初期结膜阶段，由于溶剂的急剧挥发，特别受高温烘烤时，漆膜本身来不及补足空当，而形成一系列小穴即针孔；

b. 溶剂使用不当或湿度过高，如沥青烘漆用汽油稀释就会产生针孔，若经烘烤则更严重；

c. 施工不妥，腻子层不光滑。未涂底漆或二道底漆，急于喷面漆。硝基漆比其他漆尤显突出；

d. 施工环境湿度过高，喷涂设备油水分离器失灵，空气未过滤，喷涂时水分随空气管带入经由喷枪出漆嘴喷出，也会造成漆膜表面针孔，甚至起水泡。

② 处理方法

a. 烘干型漆黏度要适中，涂漆后在室温下静置 15min，烘烤时先以低温预热，按规定控制温度和时间，让溶剂能正常挥发；

b. 沥青烘漆用松节油稀释，涂漆后静置 15min，烘烤时先以低温预热，按规定控制温度和时间；

c. 腻子涂层要刮光滑，喷面漆前涂好底漆或二道底漆再喷面漆，如要求不高，底漆刷涂比喷涂好，刷涂可以填针孔；

d. 喷涂时施工环境相对湿度不大于 70%，检查油水分离器的可靠性，压缩空气需过滤，杜绝油和水及其他杂质。

（6）渗色

① 病疵原因

a. 喷涂硝基漆时，溶剂的溶解力强，下层底漆有时透过面漆，使上层原来的颜色被染污；

b. 涂漆时，遇到木材上有染色剂或木质含有染料颜色；

c. 在红底漆上涂颜色浅的面漆时，有时红色浮渗，白色漆变粉红，黄色漆变橘红。

② 处理方法

a. 喷涂时如发现渗色现象应立即停止施工，已喷上的漆膜经干燥后打磨抹净灰尘，涂虫胶清漆加以隔离；

b. 事先涂虫胶清漆一层以隔离染色剂，或灵活运用更换相适应的颜色漆；

c. 可用相近的浅色底漆，已涂上底漆的能更换红色漆更好，否则，也只有涂虫胶清漆隔离来解决。

（7）泛白（图 6-4）

① 病疵原因

a. 湿度过高，空气中相对湿度超过 80% 时，由于涂装后挥发性漆膜中溶剂的挥发，使温度降低，水分向漆膜上积聚形成白雾；

b. 水分影响，喷涂设备中有大量水分凝聚，在喷涂时水分进入漆中；

c. 薄钢板比厚钢板和铸件热容量小，冬季在薄板件上漆膜易泛白；

图 6-4　泛白

d. 溶剂不当，低沸点稀料较多或稀料内含有水分。

② 处理方法

a. 喷涂挥发性漆时，选择湿度小的天气，如需急用，可将涂件经低温预热后喷涂，或加入相应的防潮剂来防治；

b. 喷涂设备中的凝聚水分必须彻底清除干净，检查油水分离器的可靠性；

c. 将活动钢板制件经低温加热喷涂，固定装配的薄钢板制件可喷火焰来解决；

d. 低沸点稀料内可加防潮剂，稀料内含有水分应更换。

（8）起泡（图 6-5）

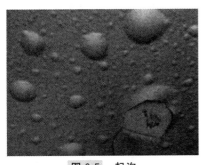

图 6-5　起泡

① 病疵原因

a. 除油未尽，在金属表面黏附黄油清洗不彻底就涂底漆，或底漆上附有机油就刮腻子；

b. 不干性油渗湿木材表面，涂漆后不但起泡，有时甚至会成块揭起；

c. 墙壁潮湿，急于涂漆施工，涂漆后水分向外扩散，顶起漆膜，严重时漆膜可撕起；

d. 木质制件潮湿，涂上漆后水分遇热蒸发冲击漆膜，漆膜越厚起泡越严重；

e. 底层未干。如腻子层未干透又勉强加涂腻子，将内层腻子稀料或水分封闭，表干里未干；

f. 皱纹漆涂层太厚，溶剂大部分没有挥发，入烘房温度太高；

g. 物件除锈不干净，经高温烘烤扩散出部分气体；

h. 铸铝件和有边缝的铝件除油污不彻底；

i. 空气压缩机及管道带有水分。

② 处理方法

a. 金属表面上或腻子底层上的油污蜡质等要仔细清除干净；

b. 制件先用氢氧化钠溶液反复清洗，再用热水反复洗涤除去碱液，晾干；

c. 新抹的粉墙或混凝土表面，必须彻底干燥，然后涂漆；

d. 可采用低温烘干处理，或让木质制件自然晾干；

e. 对涂料底层，上道工序未干透，下道工序不施工。已起泡涂层部位，要彻底清除，补好腻子，重新施工；

f. 喷涂厚薄要适中，待溶剂初步挥发后再入烘，要逐渐升温；

g. 物件除锈必须彻底；

h. 可先经高温（200℃）烘烤；

i. 用油水分离器分离。

（9）收缩（图6-6）

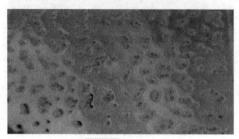

图6-6 收缩

① 病疵原因

a. 在光滑的漆膜表面，加涂较稀的漆液；

b. 木质制件被煤油透湿，或蜡质附于表面，蜡质上涂漆不但收缩，而且漆膜不干燥；

c. 金属件有机油未清除尽，渗入腻子层，涂上底漆后机油又与底漆融合；

d. 溶剂挥发与烘烤温度不相适应；烘干漆所用溶剂沸点太低、挥发太慢或溶解性差。

② 处理方法

a. 加漆前将光滑表面用水砂纸仔细打磨至无光，漆液稀稠适中；

b. 在煤油透湿木质件的部位，撒上一些熟石膏粉，一次不行可多次进行。表面蜡质用铲铲除后，用丁醇清洗干净；

c. 腻子层有油渍可用二甲苯清洗，再用熟石膏粉吸去内层油液，或铲除油渍部位，重新补好腻子；

d. 合理选择溶剂，溶解力要相适应，烘烤时先低温，不使溶剂过早或过慢挥发，又能使漆液有流平的机会，然后升温，按漆的品种技术条件控制温度和时间。

（10）发花（图6-7）

① 病疵原因

a. 中蓝醇酸磁漆加白酚醛磁漆拼色混合，即使搅拌均匀，有时也会产生花斑，涂刷时更为明显；

b. 灰色、绿色或其他复色漆，颜料比重大的沉底，轻的浮在上面，搅拌不彻底以致色漆有深有浅；

c. 漆刷有时涂深色漆后未清洗，涂刷浅色漆时，刷毛内深色渗出。

图6-7 发花

② 处理方法

a. 用中蓝醇酸磁漆和白醇酸磁漆混合，而且要将桶内色漆兜底搅拌均匀；

b. 对颜料比重大小不同的色漆尤要注意，要彻底搅拌均匀；

c. 涂过深色漆的漆刷要清洗干净。

（11）发汗

① 病疵原因

a. 树脂含量少的亚麻仁油或清油，漆膜容易发汗，一般潮湿、黑暗，尤其通风不良的场所易发汗；

b. 硝基漆表面加漆时，由于旧漆膜的残存石蜡、矿物油等，被新漆和溶剂接触，透入漆膜，使漆膜重新软化以致发汗。

② 处理方法

a. 使用涂料时，从选择涂料特性来考虑，湿润性好的清油适宜用在户外和阳光充足的环境；

b. 涂新漆前，将旧漆膜上的蜡质、油污用汽油仔细揩抹干净，再用新棉纱边检查边揩抹。

（12）咬底（图6-8）

① 病疵原因

a. 不同成膜物的咬底：醇酸漆或油脂漆，加涂硝基漆时，强溶剂对油性漆膜的渗透和溶胀；

b. 相同成膜物的咬底：环氧清漆或环氧绝缘漆（气干）干燥较快，再涂第二层漆时，也有咬底现象；

c. 不同天然树脂漆的咬底：含松香的树脂漆，成膜后加涂大漆也会咬底；

d. 酚醛防锈漆属长油度，涂在锻压件上如再加硝基漆或过氯乙烯磁漆，因强溶剂的影响容易咬底；

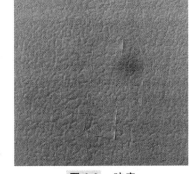

图6-8　咬底

e. 过氯乙烯磁漆或清漆未干透，加涂第二次漆。

② 处理方法

a. 各类型磁漆，最好是加同类型的漆，也可经打磨清理后涂一层铁红醇酸底漆（油度短）以隔离；

b. 环氧清漆或环氧绝缘漆需涂两层时，涂刷完第一层待未干时随即加涂一层，稍厚一层涂匀也可；

c. 在松香树脂漆膜上加大漆是不合适的，万一要加漆，必须先经打磨处理，刷涂豆腐底一层，再加大漆；

d. 最好是将酚醛防锈漆铲除干净，涂铁红醇酸底漆一层，再涂硝基漆或过氯乙烯磁漆；

e. 使过氯乙烯漆膜干燥，内无稀料残存，再加漆可以防止咬底，增强附着力。

（13）失光（图6-9）

① 病疵原因

a. 涂件表面粗糙，有光漆涂上似无光，再加一层漆也难以增强光泽；

b. 天气影响：冬季寒冷，温度太低，油性漆膜往往受冷风袭击，既干燥缓慢，又失光，有时背风向部位又有光可见；

图 6-9　失光

c. 环境影响：即煤烟熏对油性漆有影响，清漆或色漆未干有光，干后无光；

d. 湿度太大：相对湿度在 80％以上，挥发性漆膜吸收水分发白失光；

e. 稀释剂加入太多，冲淡了有光漆的作用（有颜料分的较突出），各种漆都会失去应有的光泽。

② 处理方法

a. 加强涂层表面光滑处理，主要用腻子刮光滑，才能发挥有光漆的作用；

b. 冬期施工场地，必须堵塞冷风袭击或选择适合的施工场地，加入适量催干剂，先做涂膜干燥试验；

c. 排除施工环境的煤烟；

d. 挥发性漆施工时，相对湿度应在 60％～70％，或给工件加热（暖气烘房），或加相适应的防潮剂 10％～20％；

e. 稀释剂的加入，应保持正常的黏度（刷涂为 30s，喷涂为 20s 左右）。

（14）刷痕和脱毛（图 6-10）

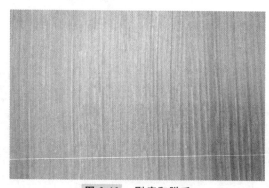

图 6-10　刷痕和脱毛

① 病疵原因

a. 因底漆颜料分含量多，稀释不足，涂刷时和干燥后都会现刷痕，涂完面漆也现刷痕；

b. 涂料黏度太稀，刷毛不齐，较硬；

c. 漆刷保养不善，刷毛不清洁，刷毛干硬折断脱毛，或毛刷过旧；

d. 漆刷本身质量不良，刷毛未粘牢固，有时毛层太薄太短，有时短毛残藏毛刷内，毛口厚薄不匀，刷毛歪歪斜斜。

② 处理方法

a. 涂刷底漆宜稀，干后，用细砂纸打平刷痕来防治，只要底漆平滑，面漆就会光滑；

b. 黏度不宜过稀，改用刷毛整齐的软毛刷；

c. 刷毛内有脏物要铲除干净，不让其干、硬，漆刷太旧要更换；

d. 如刷毛粘在漆面，应用毛刷角轻轻理出；用手拈掉，刷痕用砂纸磨平。刷子脱毛严重的不能使用。要选购刷毛黏结牢固，毛厚薄均匀，刷毛垂直整齐的刷子。

（15）不起花纹

① 病疵原因

a. 皱纹漆喷得薄或漆液太稀，未用皱纹漆稀释剂，应喷的厚度未达到；

b. 皱纹漆稀释剂使用不当或烘干温度太低；

c. 锤纹漆喷第二层时，如气压过大，花纹就小或不现花纹；

d. 锤纹漆喷完第一层后，静置时间过长，喷第二层时花纹过小或不现花纹；

e. 喷锤纹漆的喷枪的出漆嘴口径较小，花纹较小或不现花纹。

② 处理方法

a. 喷第一层薄一些，隔 20～30min 喷第二层稍厚些，但不得流溢，漆液黏度为 30s；

b. 皱纹漆有专用稀释剂，烘干温变在 80℃ 以上，经 30min 应起花，深色漆烘干温度可达（110±5）℃；

c. 加喷第二层锤纹漆时，中小型物件空气压力为 25～30N/cm² 为宜；

d. 喷完第一层后，静置时间夏天为 10min、冬天为 20min 就喷第二层；

e. 中小型物件喷枪的出漆嘴的口径以 2.5mm 为宜。

参考文献

［1］ JGJ/T 314—2016.

［2］ JGJ/T 315—2016.

［3］ JGJ/T 306—2016.

［4］ 住房和城乡建设部干部学院，油漆工［M］．第 2 版．武汉：华中科技大学出版社，2017.

［5］ 王海松，王鹏．油漆工实用涂饰技艺［M］．南宁：中国石化出版社有限公司，2012.

［6］ 赖院生，陈远吉．建筑油漆工实用技术［M］．长沙：湖南科技出版社，2013.

［7］ 刘东燕．建筑油漆工基本技能［M］．北京：中国劳动社会保障出版社，2014.

［8］ 建筑工人职业技能培训教材编委会．油漆工［M］．第 2 版．北京：中国建筑工业出版社，2015.

［9］ 《建筑工人职业技能培训教材》编委会．油漆工［M］．北京：中国建材工业出版社，2016.

［10］ 人力资源和社会保障部教材办公室．建筑油漆工（中级）［M］．第 2 版．北京：中国劳动社会保障出版
社，2013.

［11］ 张毅．装饰涂裱工操作技能（初、中级）［M］．北京：金盾出版社，2011.